传统文化进校园

跟我学茶艺

陈玉 龚周 主编

上海交通大学出版社
SHANGHAI JIAO TONG UNIVERSITY PRESS

内容提要

本书通过对中国的茶文化、茶学基础、茶技茶艺、茶具茶事等学习,使学习者掌握初级茶艺师应该具备的茶艺知识;通过对绿茶茶艺、红茶茶艺、乌龙茶茶艺等学习,使学习者掌握中级茶艺师应掌握的茶艺知识和服务技能;通过茶文化和相关技能的培养、教育和训练,综合提升学生的职业素质和职业能力。此外在"以茶会友,以茶传情"的氛围中,启发广大中职学生科学地饮茶、艺术地品茶,有助于学生在潜移默化中塑造品性和陶冶美好的心灵,更好地为其专业学习和今后的职业发展服务。

本书适合作为酒店管理及相近专业学生的教材,以及茶艺爱好者的学习参考书。

图书在版编目(CIP)数据

跟我学茶艺 / 陈玉,龚周 主编.— 上海:上海交通大学出版社,2019
ISBN 978-7-313-16080-5

Ⅰ.①跟… Ⅱ.①陈… ②龚… Ⅲ.①茶文化–中等专业学校–教材 Ⅳ.①TS971.21

中国版本图书馆CIP数据核字(2019)第020294号

跟我学茶艺

主　　编：陈玉　龚周
出版发行：上海交通大学出版社　　　　地　　址：上海市番禺路951号
邮政编码：200030　　　　　　　　　　电　　话：021-64071208
印　　制：上海盛通时代印刷有限公司　经　　销：全国新华书店
开　　本：880mm×1230mm 1/32　　　印　　张：5.5
字　　数：133千字
版　　次：2019年3月第1版　　　　　　印　　次：2019年12月第2次印刷
书　　号：ISBN 978-7-313-16080-5
定　　价：59.00元

  茶艺课程是我校高星级饭店运营与管理专业学生的一门专业选修课，也是振华职校众多社团课程中的一朵奇葩。它是集中国传统文化、茶文化、茶技、茶艺、美学于一体的课程，对学生综合素质的提升很有帮助。每次学校重大活动或是职业体验日活动，总能看见学生茶艺实践的身影。

  社会上茶艺书籍甚多，可谓五花八门，但要找到一本具有上海特点、中职特色的茶艺教材却不容易。如何根据中职学生的认知特点、茶艺特点和茶艺课的教学目标，改革教学方式、提升教学效果、提高教学质量，是茶艺课教师需要思考的问题。

  《跟我学茶艺》是我校陈玉等老师精心"熬制"的一门中职校茶艺校本教材。拿到文稿，我几乎一口气读完，教材特色鲜明，很有特点。

  专业式通俗、茶典式严谨，用七个模块分门别类介绍了中国茶叶六大品类。每一个模块中，学习目标的设定，学习任务的安排尽可能地贴近学生特点，去芜取精，全面精练地介绍了各茶类的品性和特点。每一模块学习目标后的茶诗很好地体现了借茶喻志、说茶言人的别样功效。

单元式任务驱动式教学安排，易于让学生在轻松中掌握冲泡要领和品饮技艺。趣味盎然的知识链接，有机地穿插于教与学的恰到好处的时间与空间，避免了一般教材的机械与程式化操作的缺陷；无论冲泡品饮，任务的设置强调学生小组分工、团队合作的重要性，浸透茶人合一的课程理念。它既可作为职业院校校本教材，也是一本不错的茶艺文化入门普及类读物。

浮生若茶，苦尽甘来！不全是经历磨难获得成功时那一刻的喜悦，而是所有经历的艰辛等到回忆时，都会变成另外一种甘甜。《跟我学茶艺》正式出版了，感谢教材编写团队的认真与付出，期待茶艺这一传统文化走进校园，绽放异样的精彩。

董永华

2019 年 3 月

茶语书香人生路

——写在《跟我学茶艺》出版之际

《跟我学茶艺》一书，在大家的期盼中，即将出版。作为一名茶艺爱好者，无疑是高兴的。

三年的茶艺教学实践，转化成了这本薄薄的小册子。绿茶、白茶、黄茶、青茶、花茶、红茶、黑茶……为我的教学生涯添加了一抹亮丽的色彩。

由于工作需要，近三年我从一名教育管理者、语文教师身份中又多了一个茶艺专业教师的身份。茶的世界很大。我与旅游专业的学生遨游在博大精深的茶世界里，一起探寻茶的神奇与奥妙。我们穿越千年墨香的茶历史，认识各类的茶，切磋冲泡技艺，修炼"度"的艺术，体味茶之真情，分享茶艺表演带来的那份静雅。茶不仅浸润了我们的五脏六腑，更滤去我们的浮躁，沉淀下的则是对人生的思考。

茶艺是中华传统文化的一部分，它通过赏茶、沏茶、品茶等技艺与中国文化内涵和礼仪相结合，形成具有鲜明中国文化特征的一种文化现象。泡制一杯茶，品味一种心境，读懂一种人生。只有理解茶的沉与浮，才能懂得拿起与放下，才能品出这茶的醇香，才能深深理解人生如此精彩！

这本小册子，多是在紧张的教学之余，利用"碎片的喝茶时间"慢慢"熬制"而成。今天，看到即将成型的小书，还是有几分欣喜与感动。"苍龙日暮还行雨，老树春深更著花"，此时，要为自己一次次风雨无阻跨越黄浦江参加各种茶艺进修点赞！更要为学生在茶艺世界里每一天的进步和成长点赞！

茶，是遗落凡间的精灵，它的高雅和脱俗，只有少数人才能品味；书，是散落在尘世的天使，它的圣洁华美，期待所有人去领会。墨子云："百工从事，皆有法度。"茶艺与世上其他事物的学习与操作一样，都有"法度"可依。愿这本小书对普及茶文化，推动校园茶艺教学实践有所帮助。

陈 玉

2019 年 3 月

目录

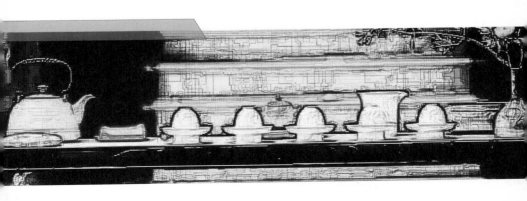

中华茶廊

初见芳茗露英华

学习目标

◎ 掌握茶的起源及茶名的演变。

◎ 熟悉茶历史及饮茶方式的演变。

◎ 掌握茶的分类及分布。

◎ 认识茶器具，了解茶具简史。

茶，

香叶，嫩芽，

慕诗客，爱僧家。

碾雕白玉，罗织红纱。

铫煎黄蕊色，碗转曲尘花。

夜后邀陪明月，晨前命对朝霞。

洗尽古今人不倦，将至醉后岂堪夸。

——（唐）元稹《一字至七字诗·茶》

元稹的这首宝塔茶诗从茶叶外形写起，生发到茶道的意境和诗人的心态。

茶自古以来就被称为南方嘉木，是遗落凡间的精灵。千百年来，或浓或淡的茶香飘荡在古老的茶马古道上，散入文人墨客的诗词歌赋里，也源源不断流入一代又一代爱茶者的心中。"从来佳茗似佳人"，苏东坡这一诗句被誉为是"古往今来咏茶第一名句"。

穿越了千年历史，从最初的神农氏尝百草到人们将茶作为居家必备、待客首选的饮品，茶已经渐渐融进百姓的日常生活。要想更多地了解茶，就从茶的渊源开始。

1-1 穿越千年墨香的茶历史

"茶"字拆开即"人在草木间"。人生一世，草木一秋，几度冷暖，几许纷繁，人与茶之间有着怎样禅意的相联呢？

顶芽

腋芽

不定芽

◎ 茶字的演变和形成

据唐代"茶圣"陆羽所著《茶经》记载：唐以前，茶有荼（tú）、槚（jiǎ）、蔎（shè）、茗（míng）、荈（chuǎn）等名称。自《茶经》问世以后，正式将"荼"字减去一横，称之为"茶"。茶字的定形至今已有一千二百余年的历史。

◎ 中国茶的发展简史

"茶之饮，发乎神农。"发现茶的用途，可追溯到传说中的先祖神农氏古老的药材，"神农尝百草，日遇七十二毒，得茶而解之"。

中国是发现与利用茶叶最早的国家，至今已有数千年的历史。

茶树原产于中国的西南部，云南等地至今仍生存着树龄达千年以上的野生大茶树。四川、湖北一带的古代巴蜀地区据历史的记载是中华茶文化的发祥地。

三国两晋南北朝：生煮羹饮、制茶工艺萌芽期。及至晋后，茶叶的商品化已到了相当程度，为求得高价出售，乃从事精工采制，以提高质量。

南北朝初期，以上等茶作为贡品，佛教自西域传入我国，到了南北朝时更为盛行。佛教提倡坐禅，饮茶可以镇定精神，夜里饮茶可以驱睡，茶叶又和佛教结下了不解之缘，茶之声誉，遂驰名于世。随着文人饮茶之兴起，有关茶的诗词歌赋日渐问世，茶已经脱离作为一般形态的饮食走入文化圈。

茶兴于唐：蒸青制茶，采用煮饮法，盛行茶宴，出现专门烹茶器具和论茶专著《茶经》。陆羽创立"煎茶法"首次使中国饮品艺术从生活领域提升到精神品饮和艺术创造的高度，为中国茶文化发展和茶道形成奠定了坚实的基础。陆羽著《茶经》，是唐代茶文化形成的标志。以后又出现大量茶书、茶诗，有《煎茶水记》《采茶记》，有卢仝的"千古绝唱"《饮茶歌》（七碗茶诗），有诗僧皎然的"三饮便得道"（《饮茶歌·诮崔石使君》）等，阎立本所作的《萧翼赚兰亭图》为史上第一幅茶画。

小贴士："茶圣"陆羽与《茶经》

陆羽(733年-804年)，字鸿渐，唐朝复州竟陵(今湖北天门市)人。一生嗜茶，精于茶道，以著世界第一部茶叶专著——《茶经》闻名于世，对中国茶业和世界茶业发展做出了卓越贡献，被誉为"茶仙"，尊为"茶圣"，祀为"茶神"。

陆羽一生富有传奇色彩。他原是个被遗弃的孤儿，三岁的时候，被竟陵龙盖寺主持僧智积禅师在当地西湖之滨拾得。后取得陆羽一名。在龙盖寺，他不但学文识字，还学会了烹茶事务。陆羽不愿皈依佛法，削发为僧。十二岁时，他逃出龙盖寺，到了一个戏班子里学演戏。一次竟陵太守看到陆羽出众的表演，对其才能十分欣赏，当即赠与诗书，并修书推荐他到隐居于火门山的邹夫子那里学习。后与一好友(崔国辅)常一起出游，品茶鉴水，谈诗论文。因其对茶叶有浓厚的兴趣并长期实施调查研究，熟悉茶树栽培、育种和加工技术，并擅长品茗钻研茶事。后隐居山间，闭门著述《茶经》。

茶盛于宋：宋朝制茶技术发展快，龙凤团茶盛行，饮茶方法点茶法。龙茶凤饼都是很嫩的芽叶做成的，并且在加工过程中经过了榨汁、研茶、过黄等工序，茶已经很容易跑出味道，因此就不需要用锅煮了，改为点茶。宋代的点茶法则是将碾箩后的茶末投入茶瓯(ōu)中调膏后用沸水冲点，和煮茶法已经有了明显的区别。

宋代茶业已有很大发展，推动了茶文化的发展，在文人中出现了专业品茶社团，有官员组成的"汤社"、佛教徒的"千人社"等。茶仪已成礼制，赐茶已成皇帝笼络大臣、眷怀亲族的重要手段，还赐给国外使节。至于下层社会，茶文化更是生机勃勃：有人迁徙，邻里要"献茶"；有客来，要敬"元宝茶"。民间斗茶风起，带来一系列变化。宋代的诗人们创作了数以千计的茶诗作品，如黄庭坚的《品令·咏茶》、范仲淹的《斗茶歌》等。

小贴士：宋茶，开创全新"玩"法

宋朝以斗茶为乐，斗茶或称"茗战"，顾名思义就是比赛茶叶质量的好坏。把茶放进茶盏，用开水冲泡，充分搅拌与水融合，待细密的泡沫出现后，首先看茶汤色泽是否鲜白，纯白者为胜，青白、灰白、黄白为负。其次看汤花持续时间长短，汤花多，散的慢则胜。选天目黑釉盏，映衬上好乳白汤色，形成对比。

宋皇帝带头儿"玩"，北宋第八代皇帝宋徽宗赵佶，精于茶事，被誉为："第一茶皇帝"，并著有《大观茶论》一书，详细介绍了宋茶产地制作，品饮等内容，宋徽宗精于琴棋书画，所画的《文会图》，表现着徽宗群臣分茶，君臣同乐

上有天子，下有庶民，皆以饮茶斗茶为乐，茶叶贸易走进政府管制，宋朝是许多著名诗词的发育地，诸多的大词人把茶写入了词中，苏东坡居士所写《叶嘉传》，把茶当做人去写，起名叶嘉；蔡襄的《茶录》，上篇论茶，下篇论器，阐述斗茶的要旨。

明清时期：明代是中国茶叶创新采制成"千古饮茶之宗"的改革时代。清代出现六大茶类。茶叶制作以散茶为主，追求本色真味，此时已出现蒸青、炒青、烘青等各茶类，饮茶方法出现"泡茶"（撮泡法）；元明代不少文人雅士留有传世之作，如杨维桢的《煮茶梦记》，唐伯虎的《烹茶画卷》，文徵明的《惠山茶会记》《品茶图》，赵原

的《陆羽烹茶图》等。茶类增多，泡茶的技艺有别，茶具的款式、质地、花纹千姿百态。到清朝茶叶出口已成一种正式行业，茶书、茶事、茶诗不计其数。

1-2 识茶茗香

茶叶的名称也是有讲究的，有的根据茶叶产地而命名如西湖龙井、黄山毛峰；有的根据茶叶形状不同而命名，如银针；有的以历史故事命名如铁观音、大红袍。总之，分类方法多样，使茶更具有神秘感。

根据加工方法不同，茶分为绿茶、红茶、乌龙茶（即青茶）、白茶、黄茶和黑茶六大类。

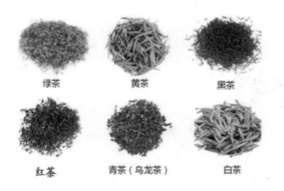

绿茶 黄茶 黑茶

红茶 青茶（乌龙茶） 白茶

根据我国出口茶的类别，茶分为绿茶、红茶、乌龙茶、白茶、花茶、紧压茶和速溶茶等。

◎发酵篇

六大茶类的划分基础是在制作中由茶叶发酵的不同程度决定的。

按发酵轻重程度依次排序为：绿茶（不发酵茶）——白茶、黄茶（轻微发酵茶）——青茶（中、重发酵茶）——红茶（全发酵茶）——黑茶（完全发酵，后发酵茶）。

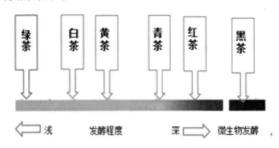

◎冲泡篇

泡茶，是把握度的艺术。事茶者冲泡时水的选择、温度，冲泡时间的把控等因素影响着泡茶的效果。

冲泡的三要素：泡茶的水温、茶与水的用量比例、泡茶的时间。

泡茶的水温主要根据茶叶品种而定。总的原则是：老茶叶高温水，嫩茶叶低温水。一般来说，泡茶水温与茶叶中的有效成分在水中的溶解度呈正比例关系，即水温愈高，有效成分溶解愈多，茶汤就愈浓；反之，水温愈低，有效成分溶解愈少，茶汤就愈淡。如普洱茶、乌龙茶和花茶，由于茶叶冲泡时用量较多，而且叶片一般较老，茶叶中有效成分难以浸出，必须用 100℃沸水冲泡，才能喝出茶味。红茶和中低档绿茶，95℃以上水温冲泡。高级绿茶，芽叶一般比较细嫩，不能用 100℃沸水冲泡，一般用 80~90℃左右的温水为宜。大多数黄茶、白茶一般用 80~90℃的温水。

茶与水的用量比例，因茶叶的不同而分为：绿茶、红茶和白茶、黄茶与花茶，茶与水的比例大致为 1:50。如：容量为 200 毫升左右的茶具，注水七分满，所需干茶量约为 3 克。黑茶，如普洱茶，茶叶量应稍大些，由 3 克增加到 5~10 克；乌龙茶所需茶量最多，茶叶的投入量占茶杯或茶壶容量的一半左右。

冲泡时间与茶叶种类、用茶数量、泡茶水温、饮茶习惯和冲泡次数有关。条索完整的茶叶冲泡的时间相对较长；茶叶量大，所需的冲泡时间较短，茶叶量小，水温低，冲泡时间可延长；喜欢喝较浓的茶，所需冲泡时间可稍长些，喜欢喝较淡的茶，反之。冲泡次数：第一次冲泡所需时间最短，随后递增。据测定，一般茶叶泡第一次时，其可溶性物质能浸出 50%~55%；泡第二次，能浸出 30% 左右；泡第三次，能浸出 10% 左右，泡第四次，则所剩无几了。所以，通常以冲泡三次为宜。黑茶和青茶冲泡次数可多。

泡茶的水温	茶与茶水比例	泡茶时间及次数
单芽中特级名茶 70℃（君山银针、银针白毫、特级碧螺春）	1:50	2~3 次
名优绿茶、白茶、黄茶 80~90℃左右	1:50	3~4 次
红茶、一般绿茶 95℃左右	1/3	4~5 分；多数 2~3 次
乌龙茶 100℃	1/2 或 2/3	第一泡 1 分，第二泡 75 秒，之后每泡加 15 秒 冲泡 5~9 次
普洱茶 100℃	1/2 或 1/3	冲泡时间短。可冲泡 10 次及以上

　　鲁迅先生说：有好茶喝，会喝好茶，是一种"清福"。不过要享这"清福"，首先就须有工夫，其次是练习出来的特别的感觉。否则，纵然有佳茗在手，也无缘领略其真味。投茶的量、水的温度、浸润的时间，想呈现完美茶生活，就必须先修炼"度"的艺术。泡茶，是把握度的艺术。

◎ 品茶篇

　　品茶就是品评茶味、饮茶。一般来说，这是一种较为优雅和闲适的艺术享受。品茶的四个要素分别是观茶色、闻茶香、品茶味、悟茶韵。

　　不同的茶会形成不同的颜色、香气、味道以及茶韵，要细细品啜，徐徐体察，从不同角度感悟茶带给的美感。

　　观茶色：茶汤的色泽、茶叶的形态。

　　闻茶香：干闻（干茶）、热闻（茶汤）。

品茶味：眼品（观形、观色）、鼻品（闻香）、口品（茶味）。

悟茶韵：雅韵（西湖龙井）、岩韵（武夷岩茶）、陈韵（普洱茶）、音韵（铁观音）等。

◎ 储存篇

茶叶贮存三大原则：干燥、避光、密封。

贮存期：从短到长依次为绿茶、白茶、黄茶、青茶、花茶、红茶、黑茶。

绿茶、黄茶：避高温、避光线、避异味、避湿气、避氧气。密封后，放冰箱冷藏。

白茶、乌龙茶：常温密封保存，避光、低温、防潮。

红茶：常温、密封、无异味、干燥、避光直射。

黑茶：常温保存，干燥、阴凉通风。

贮存工具：竹器、瓷器、金属器具。

◎ 功效篇

○ 茶叶的营养成分

○ 茶叶的药用成分

中国的茶叶一般可以分六大类，其成分种类基本相同，含量有所不同。对茶叶加工过程中发酵程度的控制不同，多酚类发生了较大的变化，如绿茶保留了较多的茶多酚类，而红茶则为多酚类的氧化产物，如茶黄素、茶红素等。另外，黑茶的屋堆工序使得黑茶还有部分微生物的代谢产物。

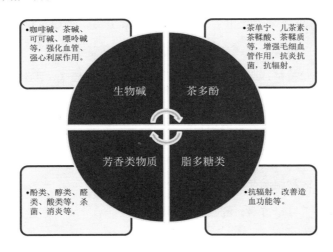

◎ **茶区分布**

我国茶区可分为江北茶区、华南茶区、西南茶区、江南茶区。

江北茶区是中国四大茶区中最北的一个茶区，位于长江以北，秦岭淮河以南，以及山东沂河以东部分地区，适宜灌木性中小叶茶树的种植，包括陕西、河南、安徽的皖北、江苏的苏北、山东等地区。本茶区主要产绿茶。名茶有河南的信阳毛尖、安徽的六安瓜片、山东的日照雪青等。

华南茶区是中国四大茶区中最南的一个茶区，是乔木型或小乔木型茶树适合生长的茶区之一，包括南岭以南的福建闽南、广东、广西、海南以及台湾等地区，是乌龙茶的主产区，主要产青茶（乌龙茶）、红茶、绿茶等。名茶主要有福建的铁观音、黄金桂；广东的英德红茶、凤凰水仙；台湾的冻顶乌龙、白毫乌龙等。

西南茶区位于中国西南部，包括云南、贵州、四川三省以及西藏东南部，是中国最古老的茶区。茶树品种资源丰富，生产红茶、绿茶、沱茶、紧压茶和普洱茶等，是中国发展大叶种红碎茶的主要基地之一。名茶主要有云南的普洱茶、滇红等；贵州的都匀毛尖、湖北的恩施玉露、西藏的珠峰圣茶等。

江南茶区位于中国长江中、下游南部，包括浙江、湖南、江西等省和皖南、苏南、鄂南等地，为中国茶叶主要产区，生产的主要茶类有绿茶、红茶、黑茶、花茶以及品质各异的特种名茶，诸如西湖龙井、黄山毛峰、洞庭碧螺春、君山银针、庐山云雾等。

茶的世界是一个色彩缤纷的世界，红茶、绿茶、青茶、白茶、黑茶、花茶、黄茶，每种都具有其独特的风格。几千年来，中国人种茶、制茶、品茶，并以茶作画赋诗，不仅从物质角度发展了堪称世界最发达的茶业，也发展了博大精深的茶文化。

1-3 品茗听壶

壶添品茗情趣，好器沏好茶，茶具不仅仅是简单的器皿，更是茶与生活的美丽衔接。中国人喝茶的历史悠久，喝茶的方式在不断演变，茶具的种类也在不断丰富和完善。白瓷的经典，青瓷的淡雅，紫砂的质朴，陶制的归真，铁器的厚重，竹器的清简，是它们让一杯茶呈现更多的可能。

◎ 茶具简史

○ 隋及隋以前的茶具

一般认为我国最早饮茶的器具，是与酒具、食具共用的，这种器具是陶制的缶，一种小口大肚的容器。

最早谈及饮茶用器具的史料是西汉王褒的《僮约》，其中谈到"烹茶尽具，已而盖藏"。最早表明有茶具意义的文字记载是西晋左思的《娇女诗》，其内有"心为茶荈剧，吹嘘对鼎"，这"鼎"当属茶具。

陆羽在《茶经》中引《广陵耆老传》载：西晋八王之乱时，晋惠帝司马衷蒙难，从河南许昌回洛阳，侍从"持瓦盂承茶"敬奉之事。

○ 唐代茶具形制完备

中唐时，茶具门类齐全，且讲究茶具质地，因茶择具，这在唐朝陆羽《茶经·四之器》中有详尽记述。20世纪80年代后期，陕西扶风法门寺地宫出土的成套唐代宫廷茶具（见下图），与陆羽记述的民间茶具相映生辉，又使国人对唐代茶具有了更完整的认识。

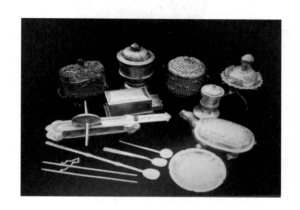

○ **宋代斗茶，推动了茶器具的改进**

南宋，用点茶法饮茶更是大行其道。宋人饮茶之法，无论是前期的煎茶法与点茶法并存，还是后期的以点茶法为主，其法都来自唐代，因此，饮茶器具与唐代相比大致一样，只是煎茶的已逐渐为点茶的瓶所替代。北宋蔡襄在他的《茶录》中，专门写了"论茶器"，说到当时茶器有茶焙、茶笼、砧椎、茶钤（qián）、茶碾、茶罗、茶盏、茶匙、汤瓶。

宋徽宗的《大观茶论》列出的茶器有碾、罗、盏、筅（xiǎn）、钵（bō）、瓶、杓（sháo）等，这些茶具的内容，与蔡襄《茶录》中提及的大致相同。

宋代茶具更讲究法度，形制愈来愈精。如饮茶用的盏（茶盏崇尚黑色），注水用的执壶（瓶），炙茶用的钤，生火用的铫（diào）等，质地更为讲究，制作更加精细。宋青瓷菊瓣小碗见下图。

○明清时代茶具在形制上、组合上、功能上均达前所未有的高峰

明代茶具，可谓是一次大的变革，饮茶改为直接用沸水冲泡，这样，唐、宋时的炙茶、碾茶、罗茶、煮茶器具成了多余之物，而一些新的茶具品种脱颖而出。最突出的特点是出现了小茶壶，茶盏的形和色有了大的变化，由陶或瓷烧制而成。这一时期，江西景德镇的白瓷茶具和青花瓷茶具、江苏宜兴的紫砂茶具有了极大的发展，无论是色泽和造型、品种和式样，都进入了精巧的新时期。

清代，茶类有了很大的发展，除绿茶外，又出现了红茶、乌龙茶、白茶、黑茶和黄茶，形成了六大茶类。茶的形状仍属条形散茶，所以，无论哪种茶类，饮用仍然沿用明代的直接冲泡法。

清代的茶盏、茶壶，通常多以陶或瓷制作，以康熙乾隆时期最为繁荣，以"景瓷宜陶"最为出色。清代瓷茶具精品，多由江西景德镇生产，除继续生产青花瓷、五彩瓷茶具外，还创制了粉彩、珐琅彩茶具。壶的造型也千姿百态。有提梁式、把手式、长身、扁身等各种形状。此外，自清代开始，福州的脱胎漆茶具、四川的竹编茶具、海南的生物（如椰子、贝壳等）茶具也开始出现，自成一格，终使清代茶具异彩纷呈，形成了这一时期茶具新的重要特色。

○现代茶具呈现出多彩、多元的新格局

现代茶具，式样更新，名目更多，做工更精，质量也属上乘。在这众多质地的茶具中，贵的如金银茶具，廉的如竹木茶具，此外还有用玛瑙、水晶、玉石、大理石、陶瓷、玻璃、漆器、搪瓷等制作的茶具，不胜枚举。

◎ 器为茶之父

"水为茶之母，器为茶之父"，泡茶喝茶，除了要有好茶、好水，同样不可或缺的还要有合适的器具。好茶加好茶器，会让人赏心悦目，因此茶器的选择尤为重要。

○瓷质茶具

瓷质茶具土质细，胎质薄，重量轻，表面光滑，不吸水不吸味，密度大，传热快，味道不易散发，因此适合泡清淡的茶类。瓷质茶具

能把茶的滋味淋漓尽致地表现出来，泡出的茶香味鲜，而且瓷底衬青茶，茶汤色也美观。

适泡茶类：较嫩的绿茶、白毫银针、花香型红茶、茉莉花茶、清香型铁观音等。

○**陶质茶具**

陶质茶具砂粒感强，胎质厚，不易烫手，表面气孔多，易吸水吸味，密度小，传热慢。

陶质茶具适合泡一些风格厚重的茶，能较长时间保持固有的色、香、味，茶汤在陶器内壁的气孔中进出，与陶土中的一些元素发生反应，使茶醇厚韵味变化的更加明显。

适泡茶类：武夷岩茶、重焙火台湾乌龙茶、寿眉、普洱、蜜香型红茶等。

○紫砂茶具

陶瓷，包含了瓷器、陶器、炻（shí）器等，紫砂是其中的一种。紫砂由于种类繁多，各种类别的材质构成也都不同，多数泥料的紫砂茶具的泥质细腻，吸水性强，透气性极佳，且由于优质的紫砂土和独特的气孔结构，对茶汤有一定的润泽作用。

适合泡厚重风味的茶，尤其是重发酵、重焙火的茶以及老茶。

适泡茶类：武夷岩茶、老普洱、耐泡的红茶、老白茶、黑茶等。

○玻璃茶具

玻璃茶具首要的特点就是透明。使用者在喝茶的时候可以观赏到茶汤的颜色、茶叶的形态，不管是玻璃壶、玻璃公道杯、玻璃茶杯，观赏性都很强。

适泡茶类：绿茶、红茶、花茶等。

○金属茶具

金属茶具，例如铁壶，铜壶等，而这类大多使用方式是煮茶，并非泡茶。由于煮茶的特殊方式，茶开时，香味特别浓郁。

适泡茶类：老白茶等各类陈年老茶。

几千年以来，精美雅致的各种材质的茶具，蕴含文人之灵气，吸收香茗之精华，由大到小、由繁到简，由瑰丽到清丽，它已从单纯的物质工具，繁衍而成一种精神文化的象征，艺术价值大大升华，成为中国源远流长的茶文化的重要组成部分。

◎ 茶艺常用器具

○饮茶器具

包括茶壶、茶杯、盖碗杯（或称"三才杯"，分为茶碗、碗盖、托碟三部分）、公道杯（茶海或茶盅）、品茗杯、闻香杯等。

茶壶：用来泡茶的主要器具，有白瓷茶壶、紫砂壶等。

茶杯：品茗的杯子，有大小两种。

盖碗杯：连托带盖的茶碗。

公道杯：分茶用具，使茶汤均匀。

品茗杯：品茗用的小杯。

闻香杯：品茶时，用于闻香。

○**辅助用具**

包括茶池、托盘、水盂、茶荷（又名赏茶荷）、茶漏、茶则、茶针、茶巾、储茶器等。

茶池：茶船，盛放茶壶茶杯的器皿，主要用来接漏出或溢出的水，多用竹、木、金属、陶瓷等制作。

托盘：主要用来承接盛茶的杯或盏，向客人奉茶时使用。

水盂：主要用来储放叶底和弃水。

茶荷：用于观赏干茶。

茶漏：又叫茶斗，常用在小壶冲泡乌龙茶时，放置于壶口，便于置放茶叶，以免茶叶外泄。

茶则：取干茶时的用具。把茶从茶罐取出置于茶荷或茶壶时，用茶则来量取。

茶针：茶针又名"茶通"，用于由壶嘴伸入壶中阻止茶叶堵塞。

茶匙：又名茶拨。其主要用途是挖取泡过的茶，壶内茶叶。也可将茶叶由茶荷（茶则）拨入壶中。

茶夹：可将茶渣从壶中挟出；也常有人拿它来挟着茶杯洗杯，防烫又卫生。

茶巾：主要用来擦干茶具底部的水分。

储茶器：放茶叶的器皿。

滤网： 过滤茶毫或细碎茶渣的用具。

人生如茶，茶如人生，在静的时间里，品一杯茶，用上自己喜欢的壶。

1-4 水为茶之母

陆羽《茶经》中就有记载，"其水，用山水上，江水中，井水下"，《红楼梦》里甚至有用窖藏雪水泡茶的故事，可见古人对用水的讲究。好的水不仅易于提茶香、泽茶色、引茶味，更能将茶道与养生，融合为一，口感与健康兼得。

◎ 古人标准

古人对泡茶用水十分讲究，茶圣陆羽《茶经》："山水上，江水中，井水下。"宋代蔡襄《茶录》："水泉不甘，能损其味。"宋徽宗赵佶《大观茶论》："水以清、轻、甘、洁为美。"

小贴士：古人论煮水之三沸

古人将水煮开的过程分为：盲汤、蟹眼、鱼目三个过程。俗以汤未煮沸者为盲汤，初沸称蟹眼，渐大称鱼目，也称鱼眼。东坡云："蟹眼已过鱼眼生，飕飕预作松风鸣。"陆羽《茶经》"五之煮"云："其沸如鱼目，微有声，为一沸；边缘如涌泉连珠，为二沸；腾波鼓浪，为三沸。以上，水老不可食也。"意思是当水煮到初沸时，冒出如鱼目一样大小的气泡，稍有微声，为一沸；继而沿着茶壶底边缘像涌泉那样连珠不断往上冒出气泡，为二沸；最后壶水面整个沸腾起来，如波浪翻滚，为三沸。再煮过火，汤已失性，不能饮用。

煮好的水可以保存茶性，使茶的色、香、味发挥到极致。水煎得过头，古人谓之"老"，认为"水气全消"，不及，谓之"嫩"，都会直接影响茶味。

◎ 现代人标准

清、轻、甘、冽、活。

"清""轻"为水的品质；"甘"为水的味道；"冽"为水的温度；"活"为水源。

◎ 泡茶用水选择

○自来水，不是首选

自来水是最常见的生活饮用水，自来水硬度可能偏大、水中可能含有用于消毒残留下来的氯气，对茶汤的滋味、香气都有一定的影响，不是泡茶的首选。如有条件安装一个净水器，使用过滤水会好很多。

○井水，深层井水宜泡茶

井水属地下水，是否适宜泡茶，不可一概而论。一般说，深层地下水有耐水层的保护，污染少，水质甘美，是泡茶好水；而浅层地下水易被地面污染，水质较差，用来沏茶，有损茶味。

○矿泉水，能与茶味相得益彰

矿泉水是采自地下深层流经岩石并经过一定处理的饮用水，含有一定的矿物质和微量元素。不少矿泉水含有较多的钙、镁、钠等金属离子，是永久性硬水，这样的矿泉水就不适合泡茶。如选择合适的软水类矿泉水，则能与茶味相得益彰，最大化发挥一杯茶的好滋味。

○纯净水，简单保险之选

纯净水虽不会使茶叶的滋味得到最大的发挥，但也不至于损害茶叶的滋味。对于日常泡茶而言，选择桶装纯净水，可作为一个相对简单和保险的选择。

纯净水泡茶，对茶汤的品质无增无减，能表现出茶汤的真味。

茶，是一杯有灵性的水。

你不懂它，它就是"柴米油盐酱醋茶"的茶。

你若懂它，它就是"琴棋书画诗酒茶"的茶。

1-5 以茶为魂的茶席之美

◎ 茶席设计

茶席就是广义上的茶器，是事茶时"此处、此物、此景"的合理组合。所谓茶席设计，就是指以茶为灵魂，以茶具为主体，在特定的空间形态中，与其他的艺术形式相结合。

○茶席历史

从唐朝始，陆羽《茶经》的影响以及对茶席的规范，把唐人从茶的药用、羹饮时代，带入了品茶清饮的新境界。普通的茶事升格为一种美妙的文化艺能，真正意义的"茶席"出现了。

宋代，宋人将点茶、焚香、插花、挂画合称生活四艺，这是宋人的风雅意趣。

明代以沸水直接冲泡的清饮法取代了唐代煎茶和宋代点茶，冲饮方式的变化带来茶席构架及茶具的变化，这时"茶壶以小为贵"，"茶杯适意者为佳"，追求茶席的文化氛围，更注重自然之境与空间审美的营造。

纵观历代茶席，茶席从唐的华丽奔放，到宋元的沉静内敛，再到明代清幽脱俗，到今兼容并蓄，赋予其更多格调。茶席，不只是或繁或简的一"景"，在于"境"。

茶文化包括茶道和茶艺。简而言之，茶艺是一门生活艺术，是以泡茶的技艺、品茶的艺术为主体，并与相关艺术要素相结合的综合。茶道是以修行得道为宗旨的饮茶艺术，包含茶艺、礼法、环境、修行等要素。茶道精神是茶文化的核心。道家的自然境界、儒家的人生境界和佛家的禅悟境界融汇成中国茶道的基本格调与风貌。品茶需要有一份佛家的清寂，道家的超尘，儒家的风雅，远古的空灵虚静。

心中有道，倒茶就是茶道；心中无道，茶道就是倒茶。

浮沉时才能氤氲出茶叶清香，举放间方能凸显茶人风姿，懂得浮沉与举放的时机则成就茶艺。

○茶席设计的基本构成因素

茶席的布置一般由茶、茶具组合、配饰选择、席面设计、空间设计等元素组成。

茶，是茶席设计的灵魂，也是茶席设计的思想基础。茶具组合是茶席设计的基础，也是茶席构成因素的主体。其余辅助元素对整个茶席的主题风格具有渲染、点缀和加强的作用。

设计时可根据主题要求，选择全部或部分辅助元素与茶具组合配伍。如：

插花，以自然界的鲜花、叶草为材料，茶席中的插花，其基本特征是：简洁、淡雅、小巧、精致。

焚香，作为一种艺术形态融于整个茶席中，气味弥漫于茶席四周的空间，嗅觉上获得舒适的感受。

挂画，又称挂轴。茶席中的挂画，是悬挂在茶席背景环境中书与画的统称。书以汉字书法为主。画以中国画为主。

铺垫，指茶席整体或布局物件摆放下的铺垫物，也是铺垫茶席之下布艺类和其他质地物的统称。

此外，还可添加音乐（如《春江花月夜》等）、表演者服饰设计、表演流程设计等活动因素，使静止的茶席灵动起来。

置一方素雅茶席，以席为经，以器为纬，走进茶心，方寸之间，可得其道。

一席茶，三两闲暇，四五茶人，品六味，容七情，茶中事之八九，十分静雅。

茗心之约

想一想

(1) 我国现有哪几个茶区？

(2) 用一句话说说唐朝、宋朝、明朝的烹茶方法。

(3) 我国有几大茶类？

(4) "景瓷宜陶"具体指哪里的器具？

(5) 最早的一部关于茶的著作是什么？作者是谁？

搜一搜

上网查找关于法门寺出土茶器的资料。

试一试

从家中找出你认识的茶叶，并说出它的外形特点。

写一写

习茶心得

绿茶馆

浩荡清馨唇齿间

◎ 熟悉绿茶的分类，了解主要的名优绿茶的种类特性。

◎ 掌握绿茶的冲泡要领和品饮技艺。

◎ 掌握绿茶的茶艺演示要领及流程。

◎ 通过学习茶艺感受哪种水决定茶叶旋转方向、交缠方式和沉浮节奏的浪漫情调。

洁性不可污，为饮涤尘烦。

此物信灵味，本自出山原。

聊因理郡余，率尔植荒园。

喜随众草长，得与幽人言。

——（唐）韦应物《喜园中茶生》

诗人一面品茗，一面看着满园茶树，喜在心头。性情高洁的茶与隐居之人作心灵的对话，那是何等诗意。

一杯上好的绿茶，能把漫山遍野的浩荡清香，递送到唇齿之间。茶叶挺拔舒展地在开水中浮沉悠游，看着就已是满眼舒服。呷一口，任由清清浅浅草本的微涩，在舌尖荡漾开来，余香满唇。给自己一杯茶的时光，取一份茶的淡雅。

2-1 认识绿茶

◎ 绿茶的工艺

绿茶是我国最主要的茶类，也是最古老的茶类。绿茶是不经过发酵的茶，也是产量最多的一类茶。一般采摘茶树的茶芽或嫩叶，经过高温杀青，再揉捻，最后干燥，完成绿茶初制。

在高温条件下杀青，破坏鲜叶中酶的活性，制止多酚类的酶促氧化，同时抑制了茶色素的生成，保留了绿茶冲泡后叶绿、汤绿的特质。如龙井，即将鲜叶经过摊晾后直接下到一二百度的热锅里炒制，以保持其绿色的特点。

清明节前采制的茶叶叫"明前茶"，清明后谷雨前采制的茶叶叫"雨前茶"。

绿茶有"三绿"的特点：干茶绿、茶汤绿、冲泡后的叶底绿。

◎ 绿茶的分类

根据加工工艺中干燥和杀青方法不同分为炒青绿茶、烘青绿茶、晒青绿茶、蒸青绿茶。

炒青绿茶：即绿茶初制时，经锅炒杀青、干燥的绿茶。

烘青绿茶：即绿茶初制时，最后一道工序——干燥时用炭火或烘干机烘干的绿茶。

晒青绿茶：即绿茶初制时，最后一道工序——干燥时利用日光直接晒干的绿茶。

蒸青绿茶：即绿茶初制时，采用热蒸汽杀青而制成的绿茶。

中国绿茶和日本煎茶的最大区别，主要就是制茶中杀青的方法不同。日本煎茶采用的杀青手法则是蒸青。煎茶在制作的过程中茶叶是切断的，形状不会像中国绿茶那样完整，在泡制煎茶的时候需要有过滤网。

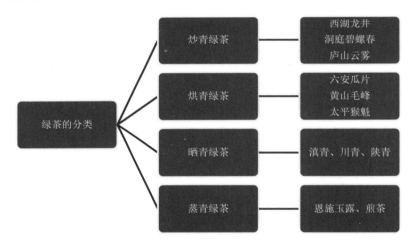

2-2 名优绿茶

◎ 西湖龙井

属绿茶，中国十大名茶之一。

品质特征：外形扁平挺秀，色泽鲜翠，内质清香味醇，泡在杯中，芽叶色绿。素以"色绿、香郁、味甘、形美"四绝著称，有"绿茶皇后"的美誉。

名品产地：产于浙江省杭州市西湖的狮峰、龙井、五云山、虎跑一带，其中"狮"字号龙井品质最佳。西湖龙井按外形和内质的优次分作 1～8 级。"一枪一旗"者为极品。

"情之所钟，唯有龙井"，清乾隆游览杭州西湖时，盛赞西湖龙井茶，把狮峰山下胡公庙前的十八棵茶树封为"御茶"。

◎黄山毛峰

又名黄山云雾茶，属绿茶烘青类，是中国十大名茶之一。

品质特征：带有金黄色鱼叶，俗称"茶笋"，或"金片"。条索细扁，形似"雀舌"，茶芽肥壮、均匀齐整、多毫。香气清鲜高远，滋味鲜浓、醇厚，回味甘甜，汤色清澈明亮，叶底嫩黄肥壮，匀亮成朵。其典型特征可概括为：香高、味醇、汤清、色润。其中，"鱼叶金黄"和"色似象牙"是鉴别特级毛峰的主要特征。

名品产地：产于安徽省黄山市及周边地区。

◎碧螺春

属绿茶，是中国十大名茶之一。

品质特征：碧螺春，名若其名，色泽碧绿、形似螺旋，产于早春。由于茶树与果树间种，所以碧螺春茶叶具有特殊的花果香，并以"形美、色艳、香浓、味醇"四绝闻名于中外。将它投入水中，茶即沉底，有"春染海底"的美誉。

名品产地：产于水汽升腾、雾气悠悠的江苏太湖的洞庭山碧螺峰。

小贴士：碧螺春雅名的由来

碧螺春又名吓煞人香，清代王应奎《柳南随笔》记载："清圣祖康熙皇帝，于康熙三十八年春，第三次南巡车驾幸太湖。巡抚宋荦从当地制茶高手朱正元处购得精制的'吓煞人香'进贡，帝以其名不雅驯，题之曰'碧螺春'"。这即是碧螺春雅名的由来。

◎六安瓜片

简称瓜片，中国十大历史名茶之一。

品质特征：其外形呈瓜子形单片，色泽墨绿，叶表起白霜，冲泡后果香持久，滋味醇厚，回味甘甜，汤色碧绿。

名品产地：安徽省六安市，其中以金寨县齐山、黄石、里冲等所产的茶品质为佳。

◎恩施玉露

属于蒸青绿茶。

品质特征：干茶外形紧圆、细直，色泽苍翠绿润，显白毫，茶香清高持久，滋味醇和甘甜，叶底嫩绿匀整。

名品茶地：湖北省恩施州。

◎安吉白茶

属于绿茶类。

品质特征：其干茶外形"凤形"条直显芽，圆实匀整，"龙形"扁平润滑，纤直尖削，色泽翠绿，白毫显露，香气清高，馥郁持久，汤色杏黄，滋味鲜醇干爽，叶底白绿。

名品产地：浙江省安吉县及浙南等地。它的选料是全为白色珍稀茶树，在特定的白化期内采摘，茶叶经过冲泡后，叶底也呈玉白色，因此称为安吉白茶。

◎太平猴魁

品质特征：太平猴魁是一种汉族传统名茶，中国历史名茶之一。外形两叶抱芽，扁平挺直，自然舒展，白毫隐伏，有"猴魁两头尖，不散不翘不卷边"之称。叶色苍绿匀润，叶脉绿中隐红，俗称"红丝线"；兰香高爽，滋味醇厚回甘，有独特的"猴韵"，汤色清绿明澈，叶底嫩绿匀亮，芽叶成朵肥壮。"太平猴魁"的色、香、味、形独具一格。

名品产地：产于安徽省黄山市北麓的黄山区（原太平县）新明、龙门、三口一带。

2-3 绿茶的冲泡要领和品饮技艺

◎ 茶具的选择

细嫩名贵绿茶用玻璃杯，中高档绿茶用瓷杯，低档绿茶用茶壶。用玻璃器皿冲泡绿茶便于观"茶舞"。

◎ 冲泡的三要素

投茶量：控制茶水比例（1:50）为宜，即1克茶叶用50毫升左右的水。

水的温度：控制泡茶水温80~90℃，一般每杯茶可续水两至三次。

冲泡时间及次数：第一泡2分钟，第二泡2分钟，第三泡3分钟，三泡即可。

◎ 品饮技艺

先观色（形），后闻香，再啜（chuò）饮。

观赏茶叶在杯中的沉浮、舒展和不同茶芽的美姿，进而观汤色。闻之清香扑鼻，饮之舌根含香，回味无穷。

◎ 绿茶投茶方法

分为下投法、中投法、上投法。

下投法：先投茶后注水，适合于茶条松展的茶。先将茶叶投入杯中，再用85℃左右的开水加入其中约1/3处，约15秒后再向杯中注入85℃的开水至七分满处，稍后即可品茶。此法适用于细嫩度较差的一般绿茶。

中投法：先将开水注入杯中约 1/3 处，待水温凉至 80~90℃时，将茶叶投入杯中少顷，再将约 80~90℃的开水徐徐加入杯的七分满处，稍后即可品茶。一般如西湖龙井、太平猴魁、六安瓜片、安吉白茶、黄山毛峰等大多采用中投法。

上投法：先冲水后投茶，适用于特别细嫩的茶。先将开水注入杯中约七分满（倾茶七分满）的程度，待水温凉至 80℃左右时，将茶叶投入杯中，稍后即可品茶。采用上投法泡茶，对茶选择较强，细嫩名优绿茶一般用上投法，如碧螺春、信阳毛尖、径山茶、特级龙井等。

在冲泡茶过程中，民间已形成了许多带有寓意的礼节，如"凤凰三点头""倾茶七分满"等。

"凤凰三点头"是茶艺道中的一种传统礼仪，是对客人表示敬意，同时也表达了对茶的敬意。高提水壶，让水直泻而下，接着利用手腕的力量，上下提拉注水，反复三次，让茶叶在水中翻动。这一冲泡手法，雅称凤凰三点头。

伸掌礼：这是品茗过程中使用频率最高的礼节，表示"请"与"谢谢"。伸掌姿势为：将手斜伸在所敬奉的物品旁边，四指自然并拢，虎口稍分开，手掌略向内凹，手心中要有含着一个小气团的感觉，手腕要含蓄用力，不至显得轻浮。行伸掌礼同时应欠身点头微笑，讲究一气呵成。

冲泡茶过程中斟茶、烫壶时的回转动作。其做法是用右手提水壶时，须向逆时针方向回转；倘若用左手提壶，就得向顺时针方向回转，它的寓意是欢迎宾客来观赏。另外，茶壶放置时，壶嘴最好不要对准品饮者，否则，有要宾客离去之嫌。在泡茶过程中，冲泡者向宾客泡茶、敬茶时，往往会见到宾客用右手食指、中指缓慢而有节奏地轻轻敲击桌面，这一动作俗称"曲膝下跪"，不断叩首之意。

2-4 绿茶冲泡流程

茶叶的冲泡，一般只需准备水、茶、茶具，经沸水冲泡即可，但如果需要把茶叶本身特有的香气、味道完整地冲泡出来，并不是容易的事，需要一定的技术。

行茶程序	操作要领
备具	选用玻璃杯或白瓷杯饮茶，增加透明度，以防嫩茶泡熟，根据品饮人数准备好茶杯及茶叶罐、茶则、茶荷、茶巾、烧水壶等，并依次将茶具摆放稳妥
赏茶	先取一杯之量的干茶，置于茶荷上，或者倾斜旋转茶叶罐，用茶匙将茶置于茶荷，欣赏干茶成色，嫩匀度，嗅闻干茶香气
温杯	右手持杯，左手托底，从左向右，让水慢慢旋至杯口
置茶	冲泡绿茶的茶杯一般容量为 150 毫升，用茶量在 3 克左右（水与茶量比 1:50）
润茶	一是上投法，适用于外形紧结的高档名优绿茶，诸如碧螺春、信阳毛尖、径山茶等，先将 80°C 水冲入杯中，然后取茶投入。二是中投法，对条索比较松散的高档名优绿茶，如西湖龙井、黄山毛峰，先润茶，后冲入沸水。水量为杯容量的 1/4 或 1/3，约 30 秒后开始冲泡
冲泡	用"凤凰三点头"法、"高冲"法
赏茶	可观茶叶展姿、茶汤的变化、茶烟的弥散，以及茶与汤的成像，领略茶的天然风姿
奉茶	将茶递给宾客，闻香品尝。在第二、三泡时，可将茶汤倒入公道杯中，再将茶汤低斟入品茶杯中
品饮	闻香，再品茶啜味

实践坊

　　分组练习"凤凰三点头"冲泡法。

2-5 名优绿茶的冲泡

◎ 龙井茶冲泡方法

　　茶可以饮、可以品、可以悟。不同的冲泡方法可入不同的境界，每一种泡法也有不同的滋味，欣赏龙井的色绿、形美可用玻璃杯冲泡，品龙井茶的香郁、味甘最好用盖碗。

　　中投法盖碗冲泡绿茶。

行茶程序：备具—布具—赏茶—温杯—置茶—润茶—冲泡—奉茶—收具。

备具：盖碗、茶荷、茶则、茶针、茶叶罐、茶巾、烧水壶、水盂。

布具：按冲泡需要依次摆放。

赏茶：用茶则取茶，置茶荷中，赏茶形及香气。

温杯：用茶针往下压茶盖的一侧将茶盖反扣在茶碗上。提起水壶，沿着茶盖的边缘逆时针注水一圈，水直接溢流至茶碗中，注水量约3分满即可。用茶针往下压茶盖的一侧，用左手往上翻盖子的对角，将盖翻正。然后右手拿碗，左手托住碗底，逆时针旋转三圈将水倒出。

置茶：将茶盖放置茶托的右下方，投茶约3克，一般以盖碗容量决定茶量，每50ML容量为1克。

润茶：将水沿杯壁按逆时针方向回旋斟水约1/3杯。拿起茶碗，逆时针旋转三圈，摇香10秒左右，有利于茶色香味发挥。

冲泡：用85℃左右的开水进行冲泡，用高冲法或凤凰三点头沿茶碗一侧斜冲而下，带动茶叶旋转，可使茶性得以发挥，置七八分满，意为"七分茶、三分情"。

奉茶：右手握杯身，左手托杯底，双手送至宾客，随后伸右手，做出"请"的手势，或说"请品茶"。

品茶：淑女用左手托住茶托，右手拿起茶盖，轻刮几下，将浮起的茶沫刮去。右手闻盖上香。将茶盖呈斜状，送至嘴边。

男士右手将碗盖由里到外翻动茶汤后撇去沫，闻盖上茶香。以右手拇指和中指夹住杯沿，食指按住碗盖，略露缝隙。

呷一口，让茶汤在口中稍事停留，使茶汤从舌尖沿舌头两侧来回旋转，然后徐徐咽下，顿觉清新之感。

冲泡好的龙井茶充分舒展开来，可直接用盖碗品饮，也可倒入公道杯分饮，其色泽嫩绿或翠绿，鲜艳有光泽，香气清高鲜爽，滋味甘鲜，回味甘甜。

清人陆次云曰："龙井者，真者甘香如兰，幽而不冽，啜（chuò）之淡然，似乎无味。饮过之后，觉有一种太和之气，弥沦于齿颊之间，此无味之味，乃至味也。"不仅龙井，好的绿茶味道都是如此。静下来，体会下一杯龙井茶"色绿、香郁、味甘、形美"的细腻与温情。

◎ 碧螺春的冲泡方法

上投法玻璃直身矮杯冲泡碧螺春。

行茶程序：备具—布具—赏茶—温杯—斟水—置茶 — 奉茶—收具。

备具：透明玻璃直身矮杯、赏茶碟、茶则、茶针、茶叶罐、茶巾、烧水壶、水盂。

布具：按冲泡需要依次摆放。

赏茶：用茶则取茶，置茶荷中，赏茶形及香气。条索纤细，卷曲成螺，满身批毫，银白隐翠，香气浓郁。

温杯：沿杯壁回旋斟开水约三分之一杯，从右开始轻轻转动杯身完成烫杯动作，将杯中水慢慢倒入水盂。

冲泡：用定点高冲法置七八分满，水温控制在80℃左右。

置茶：采用上投法。用茶则取茶叶罐中的茶叶慢慢洒入杯中，每杯按 1：50 的比例投入。

奉茶：右手握杯身，左手托杯底，双手送至宾客，随后伸右手，做出"请"的手势，或说"请品茶"。

收具：将用好的茶具一一收入茶盘，起身行礼退场。

品茶：观其形，可欣赏到雪浪喷珠、春染杯底、绿满晶宫的三种奇观。饮其味，头酌色淡、幽香、鲜雅；二酌翠绿、芬芳、味醇；三酌碧清、香郁、回甘。

茶，是一种淡泊的生活方式。苏东坡说："发纤秾于简古，寄至味于淡泊"，沏一杯碧螺春，体会茶的细腻与恬淡。

2-6 品茶赏艺——黄山毛峰茶艺展示

准备盖碗、茶荷、茶则、茶针、茶叶罐、茶巾、提梁壶、水盂等，并依次布具。

解说：盖碗又称"三才碗"。三才者，天、地、人也。茶盖在上，谓之"天"，茶托在下，谓之"地"，茶碗居中，是为"人"。一副茶具便寄寓一个小天地，小宇宙，包含古代哲人"天盖之，地载之，人育之"的道理。

◎初识佳茗

操作步骤：用茶则将罐中黄山毛峰取出，置茶荷中，呈向宾客，赏茶形及香气。

解说："毛峰竞翠，黄山景外无二致；兰雀弄舌，震旦国中第一奇"，说的就是黄山毛峰。黄山毛峰产于安徽黄山，特级黄山毛峰形似如雀舌，白毫显露，色似象牙，鱼叶金黄，俗称"象牙色"。

◎温杯烫盏

操作步骤：沿杯壁回旋斟开水约三分之一杯，轻轻转动杯身完成烫杯动作，再左手拿杯，右手拿盖，将杯中水慢慢倒向杯盖，再顺势依次入水盂。

解说：用左手托住杯底，右手拿杯，从左到右由杯底至杯口逐渐回旋一周，然后将杯中的水倒出，经过热水浸润后的茶杯冰清玉洁，有利于茶色香味挥发。

◎峰降甘露

操作步骤：沿杯壁按逆时针方向回旋斟水约 1/3 杯。

解说：冲泡黄山毛峰采用中投法，将热水倒入杯中约茶杯的三分之一。

◎悉心投茶

操作步骤：投入杯中约 3 克，一般以盖碗容量决定茶量，设 50ML 容量为 1 克。

解说：用茶匙把茶荷中的茶拨入茶杯中，茶与水的比例约为一比五十。

◎温润佳茗

操作步骤：轻轻摇动杯身。

解说：轻轻摇动杯身，促使茶汤均匀，加速茶与水的充分融合，称之为"浸润泡"。泡茶的水温也因茶而异，冲泡高档绿茶，如黄山毛峰应选用 85~90℃的热水最为适宜。

◎悬壶高冲

操作步骤：用凤凰三点头或高冲法置碗敞口下线。

解说：凤凰三点头，执壶冲水，似高山涌泉，飞流直下。茶叶在杯中上下翻动，促使茶汤均匀，同时，也蕴含着三鞠躬的礼仪。

◎天人合一

操作步骤 按开盖的顺序将盖露边斜盖,以免闷熟芽叶,静置片刻。

解说：黄山毛峰一般闷 2 分钟，闷茶的过程象征着天地人三才合一，共育茶的精华。

◎观茶品茶

操作步骤：右手握杯身，左手托杯底，双手送至宾客，随后伸右手，做出"请"的手势，或说"请品茶"。

解说：冲泡后的黄山毛峰汤香气清鲜高长，汤色杏黄清澈，滋味醇厚回甘，叶底厚实成朵，宛如春天绽放。一杯香茗敬宾客，三分茶情留心间。给自己一杯茶的时光，取一份茶的淡雅，得一份生活的智慧与快乐。

将最美的春色放入杯中，一杯茶里，守望春天，满满的是大自然的味道。

喝茶，喝的是一种心境，体味"禅茶一味"之妙，感觉身心被净化，滤去浮躁，沉淀下的是深思。

茗心之约

想一想

(1) 绿茶由于加工方法不同又分为哪四种?

(2) 绿茶属于发酵茶类还是不发酵茶类?

(3) 冲泡绿茶时采用的三种投茶方法是什么?

(4) 洞庭碧螺春产地是在湖南洞庭湖还是江苏洞庭山?

(5) 铁观音是不是绿茶?

搜一搜

上网查一下龙井茶的初制工艺视频,了解一下龙井茶初制工艺过程。

试一试

分小组准备茶艺表演,配以江南丝竹乐,展示龙井或碧螺春茶艺,并评出奖项。

写一写

习茶心得

红茶馆

汤色红亮郁甘醇

学习目标

◎ 认识红茶的主要种类，熟悉红茶的分类。

◎掌握红茶的冲泡方法，技法娴熟、柔美。

◎能进行简单的红茶调饮冲泡。

◎感受红茶的魅力，品味温情。

味浓香永，醉乡路，成佳境。

恰如灯下，故人万里，归来对影。

口不能言，心下快活自省。

——（宋）黄庭坚《品令·咏茶》

　　宋人的好茶，比起唐人可谓有过之而无不及。酒中有趣，茶中亦有趣。此词将宋人的烹茶饮茶之趣，写得那样深沉委婉，是茶词中一篇难得的佳作。饮到美茶，如逢久别的故人，有一种说不清道不明的满足感。

　　茶，除了给人以清雅、恬淡的感觉，也总能在适当的时候给人一抹温暖和浪漫，开始于17世纪60年代英国查理二世宫廷的英式下午茶，赋予红茶更多的西洋式的浪漫，喝红茶成了一种时尚。这种有温度的东方味道，其实来自于中国武夷山的正山小种。关于红茶，你是否有着温暖的故事与我们分享呢？

3-1 认识红茶

◎红茶的工艺

红茶属于全发酵茶类，红茶初制是以茶树的芽叶为原料，经过萎凋、揉捻、发酵、干燥等典型工艺过程精制而成。萎凋是形成红茶品质的关键工序。因其干茶色泽和冲泡的茶汤以红色为主调，故名红茶。

红茶种类较多，产地较广，祁门红茶闻名天下，工夫红茶和小种红茶处处留香，此外，从中国引种发展起来的印度、斯里兰卡的产地红茶也很出名。

◎红茶的分类

红茶按制法和特性不同分为工夫红茶、小种红茶、红碎茶。

工夫红茶：色泽乌黑光润、汤色红亮明净，滋味浓郁甘醇。最有名的有安徽省的祁门红茶、云南省的滇红工夫，此外还有江西省的宁红工夫、福建省的闽红工夫、坦洋工夫，湖北省的宜红工夫等。工夫红茶的制作关键在"工夫"上，不下工夫，难得好茶。

小种红茶：烟熏的条形红茶，含松烟的香味，主要有武夷山（正山小种、金骏眉、银骏眉）等。

红碎茶：红碎茶是国际规格的商品茶，鲜叶经过萎调后，用机器揉切成颗粒形碎茶，然后经发酵、烘干而制。精制加工后，又可分为叶类、碎茶、片茶和末茶等。

　　三种红茶的加工方法各不相同，但总的部分分四大工序：萎调、揉捻、发酵、干燥。

小贴士：为什么把红茶叫 black tea？

　　一种说法是因为在红茶加工过程中，茶叶的颜色越来越深，逐渐变成黑色，因此得名 Black（黑）茶。另一种说法，则是因为在 17 世纪英国从福建进口茶叶时，在厦门收购的武夷红茶干茶色浓深，故被称为 Black（黑）茶。而中国人相对注重茶汤的颜色，因此称之为"红"。所以 black tea 不是黑茶，是红茶。

3-2 名优红茶

◎ 祁门红茶

　　品质特征：外形条索紧细苗秀，色泽乌润，冲泡后茶汤红浓，香气清新、持久。为世界三大高香茶之一，誉为"祁门香"，被誉为"王子茶""茶中英豪"。

　　名品产地：祁门工夫红茶产于安徽省祁门县，清光绪年间开始仿照闽红试制生产。最终因其内质优异，与闽红、宁红齐名。祁门红茶与印度大吉岭茶、斯里兰卡乌伐的茶并称为世界三大高香茶。

◎ 云南滇红

品质特征：滇红工夫外形条索紧结，肥硕雄壮，干茶色泽乌润，金毫特显，内质汤色艳亮，香气鲜郁高长，滋味浓厚鲜爽，富有刺激性。叶底红匀嫩亮，国内独具一格，系举世欢迎的滇红工夫茶。

名品产地：主产云南的临沧、保山等地，是中国工夫红茶的后起之秀，以外形肥硕紧实，金毫显露和香高味浓的品质独树一帜，而著称于世。

◎ 正山小种

又称拉普山小种，是中国生产的一种红茶。

品质特征：干茶外形条索肥壮、紧实。因为熏制的原因，茶叶呈黑色，汤色黄红，滋味醇厚。茶叶是用松针或松柴熏制而成，有着非常浓烈桂圆甜香味。

名品产地：正山小种产地在福建省武夷山市，受原产地保护。正山小种红茶是最古老的一种红茶，后来在正山小种的基础上发展了工夫红茶。

英国17世纪著名诗人拜伦在他的名著《唐璜》里写道："我觉得心儿变得那么富于同情，我一定要去求助于武夷的红茶。""我的心，此刻，善于捕捉、富有温情，遥远的武夷绽放我的新世界。酒总让我那么的沉沦，茶和咖啡，才能给我们更多的严谨。"不仅给下午茶以富有文学浪漫色彩的赞评，更道出了它与中国的渊源。原来，当时风靡全球的下午茶，其经典的茶品就是来自于中国武夷山的正山小种。

小种红茶不仅是中国红茶的始祖，也是世界红茶的始祖。

17世纪，中国与欧洲各国的贸易使红茶销往英国、荷兰等国，深受欧洲人的喜爱，特别是英国皇室贵族对红茶的喜好胜过其他饮品。18世纪，英国人将红茶种植技术带往殖民地印度，促使印度和斯里兰卡等地成为红茶生产大国。如今，红茶已成为世界性的茶饮，占全球茶叶销量中的70%。

◎ 宜兴红茶

又名羡红茶，也称"苏红工夫"。

品质特征：其茶叶特点是外形条索紧结，色泽乌润显毫，香气鲜爽浓郁，汤色红艳明亮，滋味醇厚。

名品产地：产于江苏宜兴，产茶区属天目山脉。

在品茗宜兴红茶之时，若能深谙紫砂为器的相依之道，聚味、增香、保温、保质，故而成趣成景，既是宜兴红茶文化的瑰宝之一，亦是平添饮茶间的唇齿增香。

◎ 金骏眉

品质特征：外形条索紧秀，略显绒毛，隽茂、重实；色泽为金、黄、黑相间，色润；开汤汤色为金黄色，清澈有金圈；其水、香、味似果、蜜、花等综合香型；啜一口入喉，甘甜感顿生，滋味鲜活甘爽，高山韵显，喉韵悠长，沁人心脾，仿佛使人置身于森林幽谷之中；叶底舒展后，芽尖鲜活，秀挺亮丽，叶色呈古铜色。

名品产地：福建省武夷山，是在正山小种红茶传统工艺基础上进行改良，采用创新工艺研发的高端红茶，乃世界红茶之顶尖。

◎ 九曲红梅

简称九曲红。

品质特征：外形条索细若发丝，弯曲细紧如银钩，抓起来互相勾挂呈环状，披满金色的绒毛，色泽乌润，滋味浓郁，香气芬馥，汤色鲜亮，叶底红艳成朵。九曲红梅采摘标准要求一芽二叶初展；经杀青、发酵、烘焙而成，关键在发酵、烘焙。九曲红梅因其色红香清如红梅，故称九曲红梅，滋味鲜爽、暖胃。

名品产地：九曲红梅源出为武夷山的九曲，是闽北浙南一带农民北迁，在大坞山一带落户，开荒种粮种茶，以谋生计，制作九曲红，带动了当地农户的生产。是西湖区另一大传统拳头产品，"白玉杯中玛瑙色，红唇舌底梅花香"，红茶中的珍品。

3-3 红茶的冲泡要领和品饮技艺

◎器具选择

红茶芬芳的味道，需用适当的茶具搭配，来衬托出红茶独特的优美。茶叶的冲泡，根据其不同的特性选择适宜的茶具，用紫砂壶泡茶不易使茶叶变味。紫砂壶能吸收茶汁，壶内壁不刷，沏茶而绝无异味。

采用瓷器茶具可令红茶汤色清晰，韵味十足，青花瓷泡红茶，能使红茶的汤色清晰，为泡红茶之上选。

用玻璃茶壶来冲泡红茶，特别是高档的红茶，容易看到红茶的茶汤的色泽，使用玻璃茶壶，使红茶的美感尽现。

◎红茶冲泡的要素

○水温

红茶最适合用沸水冲泡，高温可以将红茶中的茶多酚、咖啡因充分萃取出来。高档红茶适宜水温在95℃左右，稍差一些的用95~100℃的水冲泡。

○置茶量

茶叶投放量大体与绿茶相似，茶叶与水的比例一般为1:50，过浓或过淡都会减弱茶叶本身的醇香，过浓的茶还会伤胃。

○浸泡时间

根据红茶种类的不同，等待时间也有少许不同，原则上细嫩茶叶的时间稍长，约2分钟；中档叶茶约1.5分钟；大叶茶约1分钟。

○冲泡次数

红茶可冲泡3~5次或更多，红碎茶一般1~2次即应换茶，

◎ 红茶饮用二法

清饮法、调饮法。

○清饮法

清饮的红茶，如一位天生丽质的美人，不需要人工的雕饰，也能散发出自然韵味。名特优茶，一定要清饮才能领略其独特风味。茶具以白瓷和紫砂为首选，以工夫饮法为主。

行茶程序：备具（茶壶、盖碗、公道杯、品茗杯等放置茶盘上）、烫杯（将开水倒入壶或杯中，依次再倒入公道杯、品茗杯中，最后将水倒入水盂）、置茶洗茶、泡茶、饮茶。泡茶的水温在95℃左右。

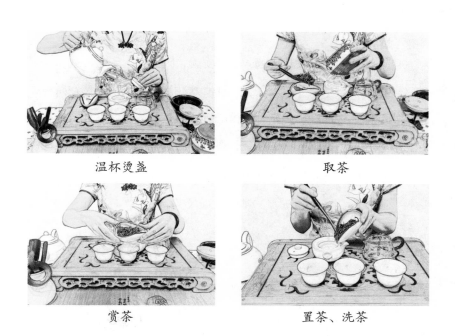

温杯烫盏　　　　　　　　　取茶

赏茶　　　　　　　　　置茶、洗茶

冲泡

入公道杯

入品茗杯

闻香细品

○调饮法

红茶性情温和，收敛性差，易于交融，因此通常用之调饮。

调饮法，是将茶叶放入茶壶，加沸水冲泡后，倒出茶汤在茶杯中再加奶或糖、柠檬汁、蜂蜜、香槟酒等，根据个人爱好，任意选择调配，风味各异。调饮法用的红茶，多数用红碎茶制的袋泡茶，茶汁浸出速度快，浓度大，也易去茶渣。

可加奶、柠檬糖

加羹出汤

看红茶的品质优劣，鉴定红茶的好坏不是看红茶颜色越红就一定越好的。看红茶的好坏、质量的鉴定要看其外形、颜色及香气。

武夷山桐木关是红茶鼻祖正山小种的发源地，产自这里的正宗红茶，汤色都不是深红色的，而是金黄色的，正山小种的颜色略深，而其顶级品金骏眉的颜色则是纯正的金黄色。

实践坊

分小组冲泡。选择不同的茶具（玻璃杯、白瓷盖碗、紫砂壶）冲泡，观茶色、闻茶香、比茶汤、观叶底，对比三种红茶。说说三种主泡工具的优缺点。

3-4 祁门红茶的冲泡流程

◎ 主要用具

祁门红茶采用清饮最能品味其隽永香气，准备瓷质茶壶、茶杯（以青花瓷、白瓷茶具为好），赏茶盘或茶荷，茶巾，茶匙、奉茶盘，热水壶及风炉（电炉或酒精炉皆可）。

◎ 冲泡要点

茶和水的比例在 1：50 左右，泡茶的水温在 95℃左右。冲泡工夫红茶一般采用壶泡法，首先将茶叶按比例放入茶壶中，加水冲泡，冲泡时间在 2~3 分钟，然后按循环倒茶法将茶汤注入茶杯中并使茶汤浓度均匀一致。

品饮时要细品慢饮，好的工夫红茶一般可以冲泡 2~3 次。

具体步骤如下：

行茶程序	基本要领
备具	瓷壶、品茗杯、闻香杯、茶荷、水盂等置茶盘上，依次摆放
赏茶	打开茶罐，将茶置于茶荷中，欣赏茶叶的色和形。祁门工夫红茶条索紧秀，锋苗好，色泽乌黑润泽
温壶涤器	将开水倒入水壶中，然后将水倒入公道杯，接着倒入品茗杯中，将品茗杯中的水倒入水盂

行茶程序	基本要领
投茶	按1：50 的比例把茶放入壶中。祁门工夫红茶也被誉为"王子茶"
洗茶	右手提壶加水，左手拿盖刮去泡沫，左手将盖盖好，用右手将茶水倒入公道杯中，然后用此水依次温洗品茗杯，再倒入闻香杯
冲泡	祁门红茶第一泡将沸水注入壶中，泡一分钟。趁机洗闻香杯，再将闻香杯中水倒掉。此时壶中茶已泡好，右手拿壶将茶水倒入公道杯中，再从公道杯斟入闻香杯，斟七分满
鲤鱼跳龙门	用右手将品茗杯反过来盖在闻香杯上，右手大拇指放在品茗杯杯底上，食指放在闻香杯杯底，翻转一圈
游山玩水	左手扶住品茗杯杯底，右手将闻香杯从品茗杯中提起，并沿杯口转一圈
喜闻幽香	将闻香杯放在左手掌，杯口朝下，旋转90 度，杯口对着自己，用大拇指捂着杯口，放在鼻子下方，细闻幽香
品啜甘茗	三口为品，要做三口喝，细品尝，探知茶中甘味。红茶通常可冲泡三次，三次的口感各不相同，细饮慢品，徐徐体味茶之真味，方得茶之真趣

"祁门特艳群芳醉，清誉高香不二门。"祁门工夫红茶虽适于调饮，然清饮更能领略祁门工夫红茶特殊的"祁门香"香气，领略其独特的内质、隽永的回味、明艳的汤色。

小贴士：红茶中的"金圈"和"冷后浑"

红茶的种类多，鉴别红茶优劣两个重要感观指针是"金圈"和"冷后浑"。茶汤贴茶杯沿有一圈金黄发光，称金圈，金圈越厚，颜色越金黄，红茶的品质越好。"冷后浑"是指红茶经热水冲泡后茶汤清澈，待冷却后，出现浑浊现象。"冷后浑"是茶汤内物质丰富的标志。

3-5 调饮红茶的冲泡

茶也有它的新风尚，跟着来学几种时尚的调饮红茶。

◎ 荔枝红茶

特点：红茶的甜香混着荔枝的果味，醇甜却不腻人。

备具备料：瓷壶、瓷杯，选用上等祁门红茶10克，蜂蜜、冰块等，将从冰箱取出的新鲜荔枝剥好放在杯子里，最好去核。

冲泡：开水冲泡，马上出汤，放在旁边备用；

将茶汤倒入盛放在新鲜荔枝的杯子里，根据喜好的甜度加入蜂蜜、冰块，一杯冰镇荔枝红茶就完成了。

◎ 台式泡沫红茶

备具备料：准备白瓷茶壶、玻璃杯、调酒杯等器皿，红茶、蜂蜜、可可粉、冰块等。

预泡红茶：将条索红茶或红碎茶用95℃热水冲泡，浸出浓浓的茶汤待用。

投入配料：在调酒杯内放入 1/2~1/3 的冰块；在调酒杯内依序加入两汤匙的可可粉和蜂蜜。此时一定要按照顺序添加材料，如果顺序相反，摇出来的饮料味道将会走味。

冲茶摇动：加入已经凉至常温的茶汤中，盖上盖子迅速摇动，然后上下、左右摇动几十下就会出现泡沫。

在玻璃杯内装入珍珠粉圆；将调制好的饮料倒入透明玻璃杯中，小心地让泡沫浮在表。由于茶汤含有皂素，形成泡沫，在透明杯中层次分明，十分美观，品饮泡沫茶，别有情趣。

◎ 果味红茶的冲泡

备具备料：准备白瓷茶壶、瓷杯等器皿。苹果和金桔切成小粒，另可备松子、核桃仁、龙眼等，薄荷叶洗净。

预泡红茶：用白瓷壶预先泡好一壶上好的正山小种。投入茶叶，用200毫升沸水冲泡，静等约4分钟经滤网倒出，冲泡时间不宜浸泡过久，合适的浸泡时间不仅茶汤滋味宜人，还可增加冲泡次数。

投入配料：调饮成水果红茶时，最好选择味道酸甜的，可中和红茶口感上的涩味，调饮出的红茶口味更为平衡，另外注意水果颜色与红茶的颜色配合得当。

冲茶搅拌：一杯热气氤氲的红茶，散发出苹果、金桔和薄荷的芳香，让你的一天安静中蕴含着活力。

英国人对茶的热情超过其他任何国家。英国茶分为茶园茶、产地茶、混合茶和调味茶。调味茶是在混合茶的基础上添加花草、水果、香精和香料等。我们熟知的伯爵茶就是用了中国的祁门和锡兰红茶混合香柠檬精油而成。有些牌子的伯爵茶还加入柑橘皮和亮蓝色矢车菊花瓣，不仅口感层次丰富，干茶看起来活泼轻盈，也是一道风景。

英式红茶茶壶通常呈广腹的球形，红茶杯的外形则略呈扁浅，便于充分散发红茶的优雅香气，并欣赏它红艳明亮的汤色。饮用时，左手拿茶托，右手端茶杯，牛奶和砂糖则可依个人口味加入。

红茶，脚步可以遍及全球，是因为心够宽广，有无限的包容性。

即便历尽沧桑，依然温婉如初。与茶相对，能以一份静换十分雅。

想一想

(1) 中国 960 万平方公里的土地上诞生了多少种茶叶？

(2) 茶鲜叶是绿的，红茶是怎样变红的？

(3) 工夫红茶有哪些？

搜一搜

"英式下午茶"以华美的品饮型态和优雅的仪式感而享誉天下。上网查一查，了解英式下午茶背后那些不为人知的故事，学习正宗下午茶礼仪及摆台的艺术。

试一试

调制一杯柠檬红茶或调饮奶茶，分享给小组成员或家人。

写一写

习茶心得

黑茶馆

香于九畹芳兰气

学习目标

◎了解主要的黑茶种类及黑茶冲泡的器具。

◎掌握普洱茶冲泡流程的名称和内容，及泡茶过程中应遵循的礼仪。

◎掌握普洱茶的冲泡要领和品饮技艺。

◎通过研习茶艺，体会"滑、醇、柔、稠"的茶味。

香于九畹芳兰气，

圆如三秋皓月轮；

爱惜不尝惟恐尽，

除将供养白头亲。

——（宋）王禹偁《龙凤茶》

一畹（wǎn）等于三十亩，九畹形容广袤无垠。普洱茶具有樟香、荷香、桂圆香、玫瑰香等多种香气，其香味组合甚至盖过了九畹浓郁的兰花香，而普洱茶则酷似深秋夜空中皎洁的月亮，这是多美的意境！

茶的滋味只有慢慢等才能得到，张爱玲说，时光易老，莫等待。但于岁月而言，茶是例外。黑茶饼呈黑色，汤色近似深红，叶底匀整乌亮，对于喝惯了清淡茶叶的人，初尝黑茶味道偏苦，浓醇的黑茶或许难以下咽，但只要长时间饮用，很多人都会爱上它的独特"滑、醇、柔、稠"的口味。

4-1 认识黑茶

◎ 黑茶的工艺

由于原料粗老，黑茶加工制造过程中一般堆积发酵时间较长，因叶色多呈暗褐色，故称黑茶。黑茶属全发酵的茶类。优质的黑茶黑而有光泽，色泽乌润或褐红（俗称羊肝色），纯正的香气和醇和甘甜的味道。它的特点是陈酽（yàn）、透润。

黑茶采用较粗老的原料，经过杀青、揉捻、渥（wò）堆、干燥四个初制工序加工而成。渥堆是决定黑茶品质的关键工序，渥堆时间的长短、程度的轻重，会使成品茶的品质风格有明显差别。黑茶是我国特有的茶类。

◎ 黑茶分类

黑茶属于后发酵茶，是我国特有的茶类，生产历史悠久，以制成紧压茶边销为主，主要产于湖南、湖北、四川、云南、广西等地。黑茶因茶区和工艺上的茶有湖南黑茶、湖北老青茶、四川边茶、滇桂黑茶之分。黑茶按地域分布，主要分类为湖南黑茶（茯茶）、四川藏茶（边茶）、云南黑茶（普洱茶）、广西六堡茶、湖北老黑茶（茯茶），俗称黑五类。

在最大分类上，普洱茶有"号级茶""印级茶""七子饼"等等代际区分，有老茶、熟茶、生茶等等制作贮存区分，有大叶种、古树茶、台地茶等等原料区分，又有易武山、景迈山、南糯等产地区分。其中，即使仅仅取出"号级茶"来，里边又隐藏着一大批茶号和品牌。哪怕是同一个茶号里的同一种品牌，也还包含着很多差别，谁也无法一言道尽。（余秋雨《品鉴普洱茶》）

4-2 名优黑茶

◎ 安化黑茶

品质特征：采用安化境内山区种植的大叶种茶叶，经过杀青、揉捻、渥堆、烘焙干燥等工艺加工制成黑毛茶并以其为原料精制（包括人工后发酵和自然陈化）而成。安化黑茶中的茯砖有独特的"发花"工序，产生功效强大的益生菌——冠突散囊菌，茯砖茶的"发花"工艺为国家二级机密，普洱茶中没有这个工序。安化新茶一般3年内为新茶，汤色橙黄，香气纯正，滋味醇和，微涩。安化陈茶一般保藏15年左右为陈茶，汤色红亮，香气纯正，有陈香味，滋味醇和，回甘，无涩味。

名品产地：因产自中国湖南安化县而得名。

◎ 普洱茶

品质特征：其外形色泽褐红；内质汤色红浓明亮，香气独特沉香，滋味醇厚回甘，叶底褐红。有荷香、兰香、樟香和青香四大类。普洱茶的产地因在普洱地区，所以以此泛称之。普洱茶有其独特的加工工序，毛茶制作后，因其后续工序的不同分为"熟茶"和"生茶"。由茶青萎凋、晒干、蒸压而成的普洱茶称为"生茶"，而在一定温度下短期内陈化的茶叫"熟茶"。

名品产地：云南省一定区域内。

普洱沱茶，外形呈碗状；普洱方茶呈长方形；七子饼茶形似圆月。

◎ 茯砖茶

品质特征：以优质黑毛茶为原料，长方砖形，砖面平整，棱角整齐紧实，金花茂盛，色泽黑褐或黄褐，汤色橙红，香气纯正，滋味醇和，耐冲泡。原料粗老，有梗，香气独特，有菌花香。

名品产地：湖南省益阳等地。

可冲泡可煮饮，可清饮可调饮。少数民族一般用调饮，如维吾尔族的奶茶，藏族的酥油茶，蒙古族的盐巴茶等。

◎ 六堡茶

品质特征：六堡茶色泽黑褐光润，汤色红浓明亮，滋味醇和爽口、略感甜滑，香气醇陈、有槟榔香味，叶底红褐，并且耐于久藏，越陈越好。采摘一芽二三叶，经摊青、低温杀青、揉捻、沤堆、干燥制成。

名品产地：因原产于广西梧州市苍梧县六堡乡而得名。

分特级、一至六级。其品质素以"红、浓、醇、陈"四绝而著称，以有金花为佳。

如果说对其他茶类人们追求的是"青春"的滋味，那么对六堡茶而言，它打动人的则是岁月的沧桑，那愈陈愈香的特质是其他茶类不具备的。

黑茶是茶叶里的青铜器，是茶叶里的上古文章，红茶则是唐人传奇，绿茶是宋人小令，花茶、青茶是明清小说。

4-3 黑茶的冲泡要领和品饮技艺

◎ 黑茶沏泡茶具

用紫砂壶、瓷器、铸铁壶、盖碗泡，条件允许下可煮茶。

辅助工具：冲泡黑茶，除了茶艺中常用的茶盘、茶巾、茶荷等，还需要随手泡、品茗杯、公道杯、剥茶刀，品茗杯一般以白瓷或青瓷为宜，便于观汤色。茶杯应大于工夫茶用杯。公道杯以质地较好的透明玻璃具为首选。

◎黑茶的冲泡要素

○泡黑茶的水温
冲泡黑茶需用100℃的沸水。

○投茶量
按1:40的比例沸水冲泡，才能将黑茶的茶味完全泡出。煎煮比例为 1:80。

○冲泡时间

以茶汤浓度适合饮用者口味为标准。先短后长，第一次（润茶后）时间宜短，冲水后即可将茶汤倒入公道杯中，再将茶汤分斟入品茗杯，先闻其香，观其色，而后饮用。后几泡根据茶叶的年限、级别、品质不同，冲泡时间应酌情掌握。

○冲泡次数

可达 5~7 次，随着冲泡次数的增加，冲泡时间应适当延长。

冲泡黑茶必须润茶，也称醒茶或洗茶，即第一次冲入的沸水倒掉，必要时可重复 1~2 次，水要滚开，倒出时要快。

小贴士：冲泡技巧——高冲与低斟

高冲与低斟，是指泡茶程序中的两个动作。高冲是指冲茶时，要提高水壶的位置，使水流从高而下冲入茶壶或杯。低斟是指分（斟）茶时，要放低茶壶的位置，使茶汤从低处进入茶杯。

采用高冲法有三大优点：一是高冲法泡茶，能使茶在壶（或杯）中上下翻动旋转，吸水均匀，有利于茶汁浸出；二是用高冲法泡茶，使热力直冲罐底，随着水流的单向巡回和上下翻旋，能使茶汤中的茶汁浓度相对一致；三是用高冲法泡茶，使首次冲入的沸水，随着茶的旋转而翻滚，利于叶片的舒展。

采用低斟的目的有三：一是避免因高斟而使茶香飘散，从而降低杯中香味；二是避免因高斟而使茶汤泡沫泛起，从而影响茶汤的美观；三是避免因高斟而使分茶时发出"滴滴"的不雅之声。

◎品饮方法

可清饮，可调饮，可冲泡可煎煮。

○工夫茶的喝法

用工夫茶具，按照工夫茶的泡饮方法饮用。

○盖碗冲泡的喝法

取茶5~8克，先用沸水冲洗一至两次，烫杯后倒掉，再冲入沸水，加盖闷一分钟左右，待到汤色红浓，倒入公道杯、品茗杯，即可饮用。

○煮饮法

取茶10至15克，用壶或其他容器盛满500毫升的水，煮至一沸时，将茶放入其中，待至壶中水再沸腾时，改用文火煮1~2分钟，停火后，滤去茶渣，即可饮用。

① 加水洗茶　② 投入壶中煮茶　③ 出汤匀汤

○奶茶冲泡喝法

用传统的方法将茶汤煮好后，按照茶汤和牛奶 1:1 的比例，调入牛奶，加少许盐，即成具西域特色的奶茶。

◎黑茶的贮藏

放于通风之处，且有通透性较好的包装材料进行包装储存。放于阴凉之处，切忌日晒。贮存环境须开阔，并远离有异味的物质。

黑茶在所有茶中最耐冲泡，贵"陈"，但不要盲目迷信"年份"。"收藏"黑茶的说法有待推敲，黑茶贮藏对温度、湿度、通风、环境、气味等有严格要求，居家不适宜大量收藏。存放环境不科学，好品质的茶叶也会变质。

普洱茶可按高、中、低档分等级。级别高的芽多，级别低的叶多梗多。

黑茶被誉为"能喝的老古董"，特别是老黑茶，已经不再是单纯的茶饮，更蕴含深厚的文化意境。沉淀心灵，用恰到好处的心境品一杯老黑茶，感悟千年文明沉淀的隽永茶香，静享怡然自得茶世界，亦是一种独到的生活品位。

4-4 普洱茶冲泡行茶程序

对于喜欢上清淡绿茶的人来说，普洱茶从外形到口感都和绿茶不同。黑茶属于后发酵茶，是我国特有茶类。怎样泡饮普洱茶才能品尝到它纯正独特的香味？

普洱茶熟茶冲泡的行茶程序如下：

◎ 泡茶用具

备具：准备好紫砂壶或盖碗、公道杯、品茗杯、茶荷等茶具。

布具：按冲泡需要依次摆放。

◎ 行茶过程

○赏茶

欣赏干茶的外形和香气。

○温壶烫盏

先用滚水烫热茶具，再将茶壶中沸水倒入公道杯，依次再倒入品茗杯。

○置茶

将普洱茶置入壶中，一般茶量5~8克。

○洗茶

冲入约茶具容量 1/4 的沸水，然后快速倒去，冲洗两次，洗杂质，并且唤醒茶叶。

○冲茶浸润

可用高冲法。根据实际情况掌握冲泡时间。

○分茶

头道。倒沸水冲泡 10 ~15 秒左右，出茶水到公道杯中，滤网放到公道杯上，过滤碎茶，然后再低斟分别均匀地分入小杯中。泡好要倒入公道杯里慢慢喝，泡壶里时间不可太长，否则会焖熟茶叶，茶汤易成"酱油汤"。

○奉茶

双手托茶盘，将泡好的茶双手捧给宾客，眼睛注视对方，说"请用茶"。

◎ 品啜佳茗

观色：普洱茶因制作工艺不同，茶汤所呈现的色泽也略有不同。优质的黑茶黑而有光泽，色泽乌润或褐红（羊肝色）。

闻香、品味：注意品茶汤的温度以 40~50℃为佳，将茶汤在舌中间回旋 2 次，品茶后细细品啜，陈年的普洱茶形成"陈香"，其内香潜发，味醇甘滑。

一般黑茶可冲泡5~7次，普洱茶可以泡到二十多次，因为其中所含的析出物释放速度特别慢。

使用过的的紫砂壶须保持壶内干爽，勿积存湿气；应该放在通风透气、避免阳光可长时间直射的地方，不宜放在闷热处，更不可以为珍贵，用后包裹或密封；勿放近多油烟或多尘埃的地方；最好用完后把壶盖侧放，勿常将壶盖盖紧；壶内勿常常浸着水，应到要泡茶时才冲水；最好多备几个好的紫砂壶，喝某一种茶叶时只用指定的一个壶；切勿用洗洁精或任何化学物剂浸洗紫砂壶，否则会把茶味洗擦掉，并使外表失去光泽；每次用完后用布吸干壶外面的水份。

实践坊

对照《普洱茶的基本冲泡顺序及要领评价表》冲泡普洱茶。给每组发一份普洱茶冲泡流程鉴定表，依据此表进行实践操作，同时让一名学生在前面操作，同组伙伴观察并做出鉴定。

温壶涤具	赏茶、置茶	洗茶	泡茶	待汤赏茶	分茶	品茶
烫壶和杯	投茶量为壶的1/3	高冲水、洗1~2遍	高冲法，水温100℃	约等10~15秒，茶汤浸出	低斟七分	握杯闻香品味
正确（ ）错误（ ）	正确（ ）错误（ ）	正确（ ）错误（ ）	正确（ ）错误（ ）	正确（ ）错误（ ）	正确（ ）错误（ ）	正确（ ）错误（ ）

4-5 品茶赏艺——普洱茶茶艺展示

泡茶用具：茶盘、紫砂壶、公道杯、品茗杯、过滤网、茶荷、茶则、茶巾、随手泡、普洱茶饼、剥茶刀。

"香于九畹芳兰气，品尽千年普洱情"，冲泡一壶佳茗，共饮一杯香茶，品味陈年普洱，感受岁月流香。

◎ 喜闻陈香（赏茶）

操作步骤：展示普洱茶饼，并用茶刀剥茶，注意尽量保持叶片的完整性。将剥好的茶置于茶荷中。

解说：普洱名茶喷鼻香，饮茶谁识采茶忙？若怜南国采茶女，忍渴登山与共尝。普洱茶在冲泡前应先闻干茶香，以陈香明显者优。

◎ 孟臣静心（洗壶）

操作步骤：开启壶盖，将烧沸的开水回旋冲入约茶具容量 1/4，再将茶壶中的沸水倒入公道杯，持公道杯摇几下，依次倒入品茗杯。

解说：孟臣是明清时的制壶好手，他制作的壶后人叹为观止，所以名贵的紫砂壶称为孟臣壶，今天我们使用紫砂壶冲泡普洱茶，冲泡普洱茶要用 100℃的开水，温汤茶壶。

◎ 普洱入宫（置茶）

操作步骤：投茶入壶，一般用量5~8克。投茶量为壶身的三分之一即可。

解说：云南等地至今仍生存着树龄达千年以上的野生大茶树，普洱茶采自云南乔木型大叶种茶树制成，古木流芳，芽长而壮，白毫多，具有越陈越香的特点。

◎ 涤尽凡尘（洗茶）

操作步骤：将沸水冲入茶壶，使茶壶中的茶叶随水流快速翻滚，达到充分洗涤的目的，将洗茶水从壶中倒出。

解说：陈年普洱茶是生茶在干仓经过多年陈化而成，在冲泡时，头泡茶一般不喝，洗两遍茶，称之为"洗茶"。

◎ 降龙行雨（泡茶）

操作：再次将100℃沸水先高后低回旋冲入茶壶后加盖。沸水入杯后茶汤颜色慢慢加深，头一泡到枣红色即止。出汤前用壶盖刮去浮沫，倒入公道杯。

解说：冲泡普洱茶又称降龙行雨，冲泡时勿直面冲击茶叶，破坏茶叶组织，需逆时针旋转进行冲泡。将泡好的茶汤倒入公道杯，又称出汤入壶。倒时宜低斟，可避免茶香味过多的散发。

◎ 平分秋色（斟茶）

操作步骤：将公道杯中的茶汤依次倒入品茗杯中，以七成满为宜。将品茗杯放在茶托上，双手捧给宾客。

解说：分茶以七分为满，留有三分茶情。可将茶汤先倒入公道杯，然后再用公道杯斟茶。斟茶时每杯要浓淡一致，多少均等。

◎ 瞬间烟云（目品）

操作步骤：右手握住品茗杯，用食指和拇指轻握杯沿，中指轻托杯底，形成三龙护鼎。

解说：普洱茶茶汤艳丽亮红，表面一层淡淡的薄雾乳白朦胧，令人浮想联翩。

◎ 时光倒流（鼻品）

操作步骤：右手握住品茗杯，鼻子凑近品闻，先远一点感受热度再慢慢由远及近，最佳的闻香温度是 55℃。

解说：普洱茶的香气随着冲泡的次数在不断变化，细闻茶香的变化，茶香会把你带到逝去的岁月，让你感悟到人世间沧海桑田的变幻。

◎ 品味历史（口品）

操作步骤：小杯沿接唇边，分三口啜饮，一口为喝，二口为饮，三口为品。

解说：让普洱茶的陈香、陈韵和茶气、茶味在你口中慢慢弥散，也许普洱茶的不苦不涩、不寒不热、韵味悠长更能体现中国文化的"中庸""调适"，即使历经起伏，却也心气平和。

◎ 见好就收（谢茶）

操作步骤：将茶桌上的茶器具按顺序摆放在茶盘内收去。

解说：普洱茶的品饮方式与其他茶类有所不同，中庸是其精神与气质的最佳注脚。优质陈年普洱只要冲泡得法，可泡十几泡以上，并且每一道的茶香、滋气、水性均各有特点，让人品时爱不释手。

小贴士：茶宠的寓意

茶宠，是指茶人之宠物。其顾名思义就是茶水滋养的宠物或是饮茶品茗时把玩之物，多为紫砂或澄泥烧制的陶质工艺品，也有一些瓷质或石质。

常见茶宠如金蟾、大象、小龟、

蟾蜍、貔貅、小猪、小蜗牛以及各种神话、历史人物等。茶人养护不同茶宠有不同寓意，有些茶宠象征招财进宝、有的则是知足常乐、幸福吉祥等。茶宠还有一大特点是茶宠形制小的，也可以用手盘玩和把玩。

　　黑茶的茶香虽比不上绿茶的鲜香，回甘也不如乌龙来得浓郁，但却有着自己独特的韵味：一股安静古老的韧气从茶叶中透出，仿佛穿越时空，把人带入充满驼铃与风沙的古商道上，粗砺、古朴的气质弥漫整个茶室……

　　凝固，沉淀，岁月的洗礼，让我们放下浮躁，一杯茶的时间，静谧。

茗心之约

想一想

(1) 黑茶经过杀青、揉捻、渥堆、干燥四个初制工序加工而成，其中哪道工序是决定黑茶品质的关键工序?

(2) 滇桂黑茶中的代表茶有哪些?

(3) 初步了解一下普洱茶中的熟茶与生茶有什么区别?

搜一搜

上网查一下黑茶的加工工艺流程视频。

试一试

(1) 普洱茶一般适合清饮，也可调饮，尝试在普洱茶中分别加入菊花、玫瑰、桂花、牛奶、玄米等冲泡。

(2) 分组练习冲泡技巧：高冲与低斟法。

(3) 做好准备，安排一次普洱茶茶艺表演。

写一写

习茶心得

青茶馆

七泡余香溪月露

◎熟悉主要的乌龙茶种类及适宜冲泡的茶具。

◎掌握乌龙茶的冲泡要领和品饮技艺。

◎能进行乌龙茶茶艺表演。

◎从泡茶过程中感受平和、追求宁静，享受茶带来的怡然自得。

一碗喉吻润，二碗破孤闷。

三碗搜枯肠，惟有文字五千卷。

四碗发轻汗，平生不平事，尽向毛孔散。

五碗肌骨清，六碗通仙灵。

七碗吃不得也，唯觉两腋习习清风生。

————（唐）卢仝《走笔谢孟谏议寄新茶》

　　《七碗茶歌》是《走笔谢孟谏议寄新茶》中的第三部分，也是最精彩的部分。一杯清茶，让诗人润喉、除烦、泼墨挥毫，并生出羽化成仙的美境。据说此诗在日本广为传颂，并演变为"喉吻润、破孤闷、搜枯肠、发轻汗、肌骨清、通仙灵、清风生"的日本茶道。

　　喝茶，会越喝越开阔，越喝越豁达，苏东坡诗云："何需魏帝一丸药，且进卢仝七碗茶。"不管能达到几重境界，这杯茶足以让我们找回心灵的一片净土。

5-1 认识青茶

◎ 青茶的工艺

青茶，亦称乌龙茶，属半发酵茶，品种较多，是中国几大茶类中，独具鲜明汉族特色的茶叶品类。青茶是经过采摘、萎凋、摇青、炒青、揉捻、烘焙等工序后制出的品质优异的茶类。

青茶综合了绿茶和红茶的制法，其品质介于绿茶和红茶之间，既有红茶浓鲜味，又有绿茶清芬香并有"绿叶红镶边"的美誉。著名的铁观音和大红袍都属于青茶。品尝后齿颊留香，回味甘鲜。

◎ 青茶的分类

青茶有很多小类，品种繁多。如：铁观音、水仙、毛蟹、武夷岩茶、冻顶乌龙、肉桂、奇兰、凤凰水仙、岭头单丛等等。

一般按产地分，将青茶分为：闽北青茶、闽南青茶、广东青茶和台湾青茶。

闽北青茶：出产于福建省北部武夷山一带，为发酵重的青茶，主要名茶有水仙、乌龙、肉桂以及大红袍、铁罗汉、水金龟、白鸡冠等，有其独特的"岩韵"。

闽南青茶：产于福建南部，青茶发酵较轻，主要名茶有安溪铁观音、黄金桂、毛蟹、本山、奇兰等，以铁观音品质为最好，有其独特的"观音韵"。

广东青茶：产于广东省潮州地区，青茶发酵程度较闽北青茶轻，主要名茶有凤凰单丛、岭头单丛等，有其独特的"山韵""蜜韵"。

台湾青茶：产区分布在台湾阿里山山脉、南投等地区，青茶发酵程度有轻有重，主要名茶有冻顶乌龙、文山包种、白毫乌龙等，有其"清韵"。

不同的青茶，因茶树品种和制造工艺的不同，成就了不同的品质特征。以香气为例，轻度发酵茶似绿茶，具有清香；中度发酵茶清香较浓烈；重度发酵茶似红茶，具有蜜香。

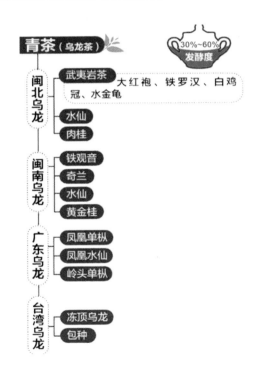

5-2 名优青茶（乌龙茶）

◎ 铁观音茶

汉族传统名茶，属于青茶类，是中国十大名茶之一。

品质特征：铁观音介于绿茶和红茶之间，属于半发酵茶类，干茶外形紧结扭曲，呈颗粒状，汤色金黄，明亮清澈，铁观音独具"观音韵"，清香雅韵，冲泡后，有天然的兰花香，滋味纯浓，香气馥郁持久，有"七泡有余香之誉"。

铁观音成品依发酵程度和制作工艺，大致可以分清香型、浓香型、陈香型等三大类型。

名品产地：原产于泉州市安溪县西坪镇，发现于 1723—1735 年。

安溪茶"四大名旦"：铁观音、黄金桂（黄旦）、本山、毛蟹。

◎ 大红袍

大红袍是武夷岩茶的一种，因多种传说而得名，是武夷岩茶中品质最优异者。

品质特征：大红袍外形条索紧结，色泽绿褐鲜润，冲泡后汤色橙黄明亮，叶片红绿相间，典型的叶片有绿叶红镶边之美感。大红袍品质最突出之处是香气馥郁有兰花香，香高而持久，"岩韵"明显。大红袍很耐冲泡，冲泡七、八次仍有香味。品饮"大红袍"茶，必须按"工夫茶"小壶小杯细品慢饮的程式，才能真正品尝到岩茶之颠的韵味。

在武夷山九曲溪四曲南畔，立有一方"御茶园"石碑，它就是武夷茶被元代皇帝忽必烈钦定为贡品的见证。

名品产地：福建省武夷山。

武夷岩茶"四大名丛"：有大红袍、铁罗汉、白鸡冠、水金龟。

◎ 凤凰单丛

品质特征：干茶外形肥硕挺直，色泽黄褐，油润有光，并有朱砂红点；冲泡清香持久，滋味浓醇鲜爽，润喉回甘，具独特的山韵。凤凰单丛茶有"形美、色翠、香郁、味甘"之称，制作过程是晒青、晾青、做青、杀青、揉捻、烘焙6道工序。按照制作工艺，可将其划分为肉桂香、黄枝香、蜜兰香等十大型号80多个品系。

名品茶地：广东省潮州市潮安区凤凰山。

小贴士：原来这种茶叫"鸭屎香"

鸭屎香也叫凤凰单丛，是国内著名的乌龙茶类之一，主要产于广东省潮州市凤凰山。

说起它的名字由来，也有个故事。原来有一位茶农当初从乌岽引进，种在"鸭屎土"（黄壤）的茶园里，当地人喝过这种茶之后都大为叫好，称赞此茶好，纷纷问是何名丛，什么香型。茶农怕被人偷去，便谎称是鸭屎香。后来依然有人获得了茶树，并开始扩种，"鸭屎香"的别名便由此而来。在2014年5月，凤凰单丛茶"鸭屎香"已经更名为"银花香"。

◎ 白毫乌龙

品质特征：干茶外形蓬松，自然弯曲，芽叶相连，茶叶白毫较多，呈现红、白、黄、绿、褐色泽，茶汤为琥珀色，叶底淡褐有红边，带有成熟的果香与蜂蜜香，品尝起来滋味软甜甘润，少有涩味。也由于冷热软皆宜，待茶汤稍冷时，滴入一点白兰地等浓厚的好酒，可使茶味更加浓醇。

该茶是发酵程度最重的一种，也是最似红茶的一种，又叫"香槟乌龙"或"东方美人"。东方美人以夏茶期间受小绿叶蝉吸食的嫩芽采制而成，为乌龙茶中的极品。

名品产地：台湾的新竹、苗粟地区。

实践坊

　　分小组通过观茶色、闻茶香等方法对比几种不同类型的乌龙茶干茶。

5-3 青茶（乌龙茶）的冲泡要领和品饮技艺

◎ 适用茶具

紫砂壶、瓷壶、杯。

泡工夫茶，如台湾的高山茶、乌龙茶，采用朱泥壶最优，因其毛细孔结构粗细松实不同，对香分子的吸附有所增减。

潮汕壶则擅诠释普洱茶及重焙火的铁观音，可增其陈韵和音韵。

大红袍是重度发酵，味浓，用盖碗也可把大红袍的美味泡出来。

当然不同的茶应用不同材质、不同烧结度的壶（杯、碗、盅）来追求最佳茶汤表现。精于茶道的工夫茶人，必然像重视茶叶的质量一样，重视茶壶选择。

在潮汕，饮茶极重风韵，讲究颇多。用小杯细细品啜，闻香玩味，为提升赏茗雅致，冲泡工夫茶过程中常配有一套精巧玲珑的茶具，美

名"烹茶四宝"，即玉书碨、潮汕炉、孟臣罐、若琛瓯。

"玉书碨"是扁形赭褐色烧水壶。

"潮汕炉"为烧开水的小火炉。

"孟臣罐"则指容量仅为 50~100 毫升的茶壶，孟臣是明代紫砂壶制作家，后人把名茶壶喻为孟臣。

"若琛瓯"是喝茶用的小茶杯。若琛是清初发明小瓯杯的江西人，以其名代指小茶杯。

◎ 青茶冲泡要素

青茶的品饮特点是重品香，不重品形，先闻其香后尝其味，因此十分讲究冲泡方法。从茶叶的用量、泡茶的水温、泡茶的时间，到泡饮次数和斟茶方法都有一定的要求。

○ 茶叶的用量

青茶由于叶片较粗大，茶汤要求滋味浓厚，茶叶的用量比大宗花茶、红茶、绿茶要多，壶泡时，若茶叶是紧结半球形乌龙，茶叶需占到茶壶溶剂的 1/4~1/3，若茶叶较松散，则需占到壶的一半，杯泡时茶与水的比例为 1:22。

○ 泡茶水温

乌龙茶采摘的原料是成熟的茶枝新梢，对水温要求与细嫩的名优茶有所不同。要求水沸立即冲泡，水温为 100℃，水温高，茶汁浸出率高，茶味浓、香气高，更能品饮出乌龙茶特有的韵味。

○ 冲泡的时间和次数

青茶的冲泡时间由开水温度、茶叶老嫩和用茶量多少三个因素决定。一般情况下，闽南和台湾的乌龙茶冲泡时，浸泡时间一般是 45 秒左右，从第二泡起浸泡 15 秒左右。闽北和广东的乌龙茶开汤时间要快，第一泡 15 秒就可以了。一般冲泡次数视茶叶质量而定：高级茶 5~8 次，一般茶 3~4 次，武夷岩茶香味的浓度较高，较耐泡，可适当增加冲泡次数。

◎品饮技艺

青茶的冲泡方法因地方不同冲泡方法又有不同，以潮州、安溪、宜兴、台湾等地最为有名。冲泡青茶有专门的茶具。广东、福建人喜爱用"烹茶四宝"。

冲泡前先用开水将茶具（茶壶、茶杯、茶盘）淋洗一遍，以保持茶具洁净，又利于提高茶具本身的温度。当壶中置茶以后，沸水沿壶内壁缓缓冲入，在水漫过茶叶时，便立即将水倒出，称之为"洗茶"，洗去茶叶中的浮尘和泡沫，便于品其真味。洗茶后即第二次冲入沸水，水量以溢出壶盖沿为宜，然后盖上壶盖。

冲水的方法应由高到低，且在整个泡饮过程中需经常用沸水淋洗壶身，以保持壶内水温，充分泡出茶叶的香味。

斟茶方法也与泡茶一样讲究，传统的方法是用拇、食、中指夹着壶的把手。斟茶时应低行，以防失香散味。茶汤按顺序注入几个小茶杯内，注量不宜过满，以每杯容积的 1／2 为宜，逐渐加至八成满，使每杯茶汤香味均匀。

实践坊

分小组通过不同茶具冲泡对比不同类型乌龙茶茶汤和滋味。

泡茶是五百次郑重其事地拿起，才能练就一次从容典雅地放下。

青茶在六大类茶中工艺最复杂费时，泡法也最讲究，所以喝乌龙茶也被人称为喝工夫茶。选择适合自己的那一款乌龙茶，细啜一口，体味古人"未尝甘露味，先闻圣妙香"的妙境。

5-4 凤凰单丛的冲泡

潮式泡法行茶步骤如下：

◎ 备具、布具

茶则六君子、茶盘、茶瓯或壶、品茗杯，按冲泡需要依次摆放。品铁观音茶，必备小巧精细的茶具，茶壶、茶杯均以小为好。可根据口味选不同香型的凤凰单丛。

◎ 赏茶

将茶放入茶荷中，欣赏干茶的外形和香气。

◎ 烫瓯（壶）

沸水冲入，逆时针斟水瓯（壶）中至 1/3 左右，右手握杯，左手托杯，逆时针方向均匀转动一圈，弃水倒入茶船里。水温高，茶汁浸出率高，香气高，更能品饮出茶特有的韵味。

◎ 置茶

若用壶，则将茶漏置于茶壶上，将茶叶用茶匙拨入茶瓯中，投放量为容器的 2/3 左右。取茶漏放回原处。

◎ 润茶

将茶瓯（壶）单手拿起，轻轻摇香，然后放下，定点高冲，冲水时要沿着瓯（壶）的边沿冲，以免冲破"茶胆"。将开水倒入茶瓯（壶）后，立刻将茶汤倒入品茗杯中。

◎ 冲泡

右手提壶对准瓯（壶）中冲入 100℃沸水，激荡茶叶，激发茶性，以泡出茶之真味。刮沫淋盖，用茶盖轻轻刮去壶表面的泡沫，使茶汤更为清澈、洁净。

◎ 烫杯

此时用茶水烫杯，右手依次拿杯侧放在另一品茗杯，拇指、食指、中指扶杯、向内转动。这个过程叫狮子滚球。

◎ 分茶

右手拿瓯（壶），依次来回往各杯中斟茶水，最后滴斟，使茶汤滋味浓淡一致。斟茶时应低行，以防失香散味。

品茗杯似城墙或城池，此时茶已泡好，平均分配茶汤到闻香杯茶

汤依次巡回，这个过程叫关公巡城。壶中茶水剩少许后，则往各杯点斟茶水，这个过程叫韩信点兵。

◎ 品茗

用大拇指和食指轻轻握住品茗杯沿，中指托住杯底，即三龙护鼎的指法。观汤色后即可啜饮，将茶汤在舌中间回旋慢慢咽下，分3次品味即可。

"关公巡城""韩信点兵"这些三国里的故事，成为茶艺冲泡的一种方法。品茶论三国，也会让人想起三国里的一幕：刘备三顾茅庐拜访诸葛亮，二人叙礼毕，分宾主而坐，童子献茶。是非成败只一时，一缕茶香香千载。

夜半煮茶结知音，风不起，云不散，人不走，茶不凉，情不淡。

实践坊

分组练习"狮子滚绣球""关公巡城""韩信点兵"的冲泡方法。

综合练习：对照《潮式乌龙茶的基本冲泡顺序及要领评价表》冲泡青茶。给每组发一份普洱茶冲泡流程鉴定表，依据此表进行实践操作，同时让一名学生在前面操作，同组伙伴观察并做出评定。

赏茶	烫瓯（壶）	置茶	润茶	正泡、烫杯	分茶	奉茶品茶
赏干茶外形和香气	温壶 逆时针斟水、烫瓯（壶）	投茶量为壶的1/2或1/3	刮沫 汤入品茗杯	水温100℃ 狮子滚球法	关公巡城 韩信点兵 斟至七分	观叶底 握杯 闻香 品味
正确（ ） 错误（ ）	正确（ ） 错误（ ）	正确（ ） 错误（ ）	正确（ ） 错误（ ）	正确（ ） 错误（ ）	正确（ ） 错误（ ）	正确（ ） 错误（ ）

小贴士：铁观音鉴别秘诀："干看外形""湿评内质"

铁观音鉴别的主要程序是"干看外形"和"湿评内质"，想买到正宗的铁观音？那就来学学其鉴别方法。

干看外形：鉴别铁观音先要观察铁观音的色泽、外形、匀泽度，外形比较肥状和重实，色泽较为砂绿，略闻到清纯香气，那则为铁观音上品茶，如果与以上相反，则是次品茶。

湿评内质：要闻其香气、尝其滋味、看其汤色、观其叶底。

闻香气：先要判断其香气是否突出、浓郁，再对香气高低、强弱、纯浊等进行区别，如果其香气突出，香气清高，香气浓烈悠长都是上品铁观音，反之则为次品。

尝滋味：茶滋味醇厚，醇而带爽，厚而不涩，富有品种"韵味"特征，那则为铁观音上品，反之则为次品。

看汤色：根据茶汤颜色的深浅、明暗、清浊等进行鉴别，铁观音上品的汤色会呈现橙黄明亮的感觉，有点像绿豆汤的色泽，如果暗浊则为次品。

观叶底：叶底是呈现柔软，而且还有"青蒂绿腹"，那则为上品铁观音，反之则为次品。

5-5 品茶赏艺——安溪铁观音茶艺展示

台式泡法行茶步骤如下图：

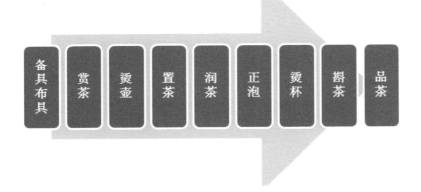

备具布具　赏茶　烫壶　置茶　润茶　正泡　烫杯　斟茶　品茶

　　泡茶用具：茶盘、紫砂壶、公道杯、品茗杯、闻香杯、过滤网、茶荷、茶则六君子茶巾、随手泡等，按冲泡需要依次摆放。

　　"美酒千杯难成知己，清茶一杯也能醉人"，铁观音集中了绿茶与红茶的特点，保持了醇厚的口感，并有"七泡有余香"之称。

◎ 孔雀开屏，叶嘉酬宾

　　操作步骤：茶具等按冲泡需要依次摆放，用茶则将茶从茶叶罐中取出，置于茶荷，欣赏干茶的外形和香气。

解说：借这道程序介绍泡茶所用的精美的工夫茶茶具。闻香杯，是用来嗅闻茶叶的香气；品茗杯，是用来品茶汤的；公道杯，是用来均匀茶汤香气与浓度的。宜兴紫砂壶，雅称孟臣壶。

叶嘉酬宾，"叶嘉"是苏东坡对茶叶的美称，叶嘉酬宾就是让大家鉴赏一下铁观音茶叶的外形，条索卷，重实呈蜻蜓头状，叶鲜浓，因此也称之为"青茶"。

◎孟臣沐浴

操作步骤：右手握壶柄，左手打开壶盖，逆时针斟水，将茶壶逆时针方向均匀转动一圈，弃水入茶船。

解说：即烫洗茶壶。孟臣是明代紫砂壶制作家，后人把名茶壶喻为孟臣。用沸水浇烫茶壶，水温高，茶汁浸出率高，香气高，更能品饮出茶特有的韵味。

◎观音入宫

操作步骤：将茶漏置于茶壶上，将茶荷中的茶叶拨入壶中，茶叶量视茶叶的紧结程度而定，紧结度高的可以少放一些，茶叶量为壶容量的 1/3 或 1/2 左右。

解说：用茶拨将茶拨入壶中，叫观音入宫。

◎ 高山流水、春风拂面

操作步骤：将水壶提高使沸水环壶高冲，水量以达壶沿为宜。刮沫淋盖（用壶盖刮去壶口的浮沫，再用开水冲掉盖上的浮沫，盖好壶

盖），孟臣淋壶（用开水淋浇壶身），将壶置茶巾上。

解说：铁观音冲泡讲究高冲水低斟茶，悬壶高冲，似高山流水。春风拂面就是将杯口白色泡沫刮去，茶汤越发洁净，如浮云随风而去。经润泡的铁观音茶叶的音韵更加清澈、明亮。

◎乌龙入海、若琛出浴

操作步骤：盖上壶盖后立即将水倒入公道杯中，再将汤入盅，入闻香杯，再入品茗杯，用茶夹将品茗杯中的水倒入茶池。

解说：第一杯茶汤一般不喝，洗去茶叶表面的浮尘，烫杯后公道杯中的茶汤注入茶海，因为茶汤呈琥珀色，从壶口流向茶海，好像蛟龙入海，所以称"乌龙入海"。若琛出浴就是温杯洗杯。

◎ 再铸甘露

操作步骤：向壶内注入沸水，用开水淋壶，提高壶温。

解说：提壶高冲，壶中茶须等待一至两分钟，方能斟茶。

◎ 游山玩水、观音出海

操作步骤：再次出汤，把茶汤倒入公道杯。

解说：游山玩水就是运壶，滴净壶底的水滴。观音出海，把泡好的香茗倒入公道杯。

◎ 祥龙行雨

操作步骤：将茶汤倒入公道杯，最后几滴也要全部滴入公道杯，持公道杯将茶分别斟入闻香杯。

解说：将公道杯中茶汤均匀倒入闻香杯中，称为"祥龙行雨"，这是分茶的程序，如行云流水，诗意盎然。

◎ 龙凤呈祥、鲤鱼翻身

操作步骤：将品茗杯扣在闻香杯上——双手手心朝上，用食指、中指夹住闻香杯两侧，拇指抵住品茗杯的杯底，翻转——将扣合好的闻香杯、品茗杯放在茶托上，端茶托放左侧的奉茶盘上。

将品茗杯扣在闻香杯上，双手手心朝上，用食指、中指夹住闻香杯两侧，拇指抵住品茗杯的杯底，翻转——将扣合好的闻香杯、品茗杯放在茶托上，这个过程叫鲤鱼翻身。端茶托放左侧的奉茶盘上，至宾客席奉茶。

解说：将品茗杯扣于闻香杯上，便是"龙凤呈祥"。

把扣合的杯翻转过来，称为"鲤鱼翻身"。

◎ 敬奉香茗

操作步骤：捧杯敬茶。

解说：倒好茶后，将茶水为宾客一一奉上。

◎ 三龙护鼎，初品佳茗

操作步骤：用拇指、食指夹住闻香杯两侧，微曲两指旋转闻香杯边向上提，使茶汤都流入品茗杯中。双手合掌捧住闻香杯搓动数下，举手至鼻前，将香气嗅入鼻中。茶汤入口后，不急于咽下，往里吸气，使茶汤与舌根、舌尖、舌面、舌侧的味蕾充分接触，使铁观音的香气在口中释放。

解说：即用拇指、食指扶杯，中指顶杯，此法既稳当又雅观，称之为"三龙护鼎"。铁观音茶的茶汤是金黄明亮色，初品佳茗，细细品味。"杯小如胡桃，壶小如香橼，每斟无一两，上口不忍遽咽，先嗅其香，再试其味，徐徐咀嚼而体贴之。"

◎ 收具谢客

"茗外风清移月影，壶过夜静听松涛"，谁能品出铁观音的特殊香韵，那真是人生的一件快事。

实践坊

单项练习：扣杯翻转（鲤鱼翻身）。

综合练习：对照《台式乌龙茶的基本冲泡顺序及要领评价表》冲泡青茶。给每组发一份普洱茶冲泡流程鉴定表，依据此表进行实践操作，同时让一名学生在前面操作，同组伙伴观察并做出评定。

台式乌龙茶的基本冲泡顺序及要领评价表

备具布具	赏茶	烫壶	置茶	润茶	正泡烫杯	分茶	奉茶品茶	收具礼仪
器具配备齐全，布局合理，实用美观	赏干茶的外形和香气	温壶逆时针斟水、烫瓯	投茶量为壶的1/2	汤入盅、入闻香杯、再入品茗杯	刮沫淋盖、孟臣淋壶、壶置茶巾茶夹烫杯、出汤入盅（托入盘）	入闻香杯-扣品茗杯、翻转沾盘中托、壶入盘	观叶底握杯闻香品茶	按序收具、行礼退场、坐站行姿、规范要求
正确（　）错误（　）	正确（　）错误（　）	正确（　）错误（　）	正确（　）错误（　）	正确（　）错误（　）	正确（　）错误（　）	正确（　）错误（　）	正确（　）错误（　）	正确（　）错误（　）

看着茶叶的翻卷，时常会生出好多感慨：人生如茶。

茶两种姿态：沉、浮。

饮茶人两种姿势：拿起、放下。

品一盏纯粹，尝一杯淡然，在茶里从容不惊地生活，不失为一种美好。

想一想

(1) 武夷岩茶"四大名丛"指什么？

(2) 铁观音成品依发酵程度和制作工艺，大致可以分为哪三大类型？

(3) 安溪茶"四大名旦"包括哪些茶？

(4) 白毫乌龙是红茶吗？大红袍不是红茶，铁观音不是绿茶，那么它们属于哪类茶？

(5) 广东、福建人泡茶喜爱用"烹茶四宝"，"烹茶四宝"具体指什么？

(6) 朋友曾送小编一包"鸭屎香"，感觉名字怪怪的，上网一查原来它是有雅名的。你能说出它的雅称吗？

搜一搜

上网查一查铁观音茶的初制工艺。

青茶为什么叫"乌龙"茶，查一查相关背后的故事。

试一试

设计一个以青茶为主题的茶艺流程，配以音乐，组织一场茶艺表演。

写一写

习茶心得

白茶馆

素人白茶玉玲珑

◎了解白茶的主要种类，熟悉白茶的特性。

◎掌握白茶的行茶程序。

◎熟练掌握白茶冲泡技艺。

◎领略白茶"绿妆素裹"之美感。

寒夜客来茶当酒，竹炉汤沸火初红；

寻常一样窗前月，才有梅花便不同。

——（宋）杜小山《寒食》

寒风冷夜，宾主围着红红的火炉，煮茗闲谈。月下，梅开三两枝，屋内，茶冒着丝丝热气，如此惬意生活，堪称茶样人生。画面如此简单，让人心生羡慕。此番情景与周作人先生在《吃茶》一文中所述有几分相似，"喝茶当于瓦屋纸窗之下，清泉绿茶，用素雅的陶瓷茶具，同二三人共饮，得半日之闲，可抵十年的尘梦"。品茶之境，其实是如此简单，又妙不可言。

纯粹的是最美好的，煮一壶老白茶，在幽幽的茶香中，约几个挚友，也算是有福的了。

6-1 认识白茶

◎ 白茶的工艺

白茶属轻微发酵茶。《大观茶论》中有"白茶自为一种，与常茶不同"。

白茶的加工工序：萎凋、干燥。加工时不炒不揉，只将细嫩、叶背满茸毛的茶叶晒干或用文火烘干，而使白色茸毛完整地保留下来。

萎凋是形成白茶品质的关键工序。

新工艺白茶加工工序为：鲜叶、萎凋、发、揉捻（轻）、干燥。

白茶产于福建省的福鼎、政和等县，台湾省也有少量生产。福鼎大白茶，茶芽叶上披满白茸毛，是制茶的上好原料。

◎ 白茶的分类

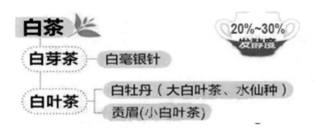

白茶因茶树品种、鲜叶采摘的标准不同，分为白芽茶和白叶茶两种，主要品种有白毫银针、白牡丹、贡眉、寿眉等。

尤其是白毫银针，全是披满白色茸毛的芽尖，形状挺直如针，在众多的茶叶中，它是外形最优美者之一，令人喜爱。汤色浅黄，鲜醇爽口，饮后令人回味无穷。

黄茶的品质特点是"黄叶黄汤"。这种黄色是制茶过程中进行闷堆渥黄的结果。黄茶分为黄芽茶、黄小茶和黄大茶三类。其茶质细嫩，水温太高会把茶叶烫熟，所以冲泡温度最好在85~90℃之间为宜。冲泡黄茶，按照茶具容量放入四分之一黄茶茶叶，也能够依据自己的口味进行斟酌增减。

黄茶

10%~20%
发酵度

黄芽茶
君山银针(湖南岳阳)
蒙顶黄芽(四川)
霍山黄芽

黄小茶
北港毛尖(湖南岳阳)
沩山毛尖(湖南宁乡)
平阳黄汤(浙江)
远安鹿苑（湖北）
皖西黄小茶（安徽）
温州黄汤

黄大茶
霍山黄大茶(安徽)
广东大叶青

6-2 名优白茶

◎ 白毫银针

　品质特征：白毫银针简称银针，又叫白毫，属白茶类。素有茶中"美女""茶王"之美称。白毫银针芽头肥壮，遍坡白毫，挺直如针，色白似银。

　福鼎所产茶芽茸毛厚，色白富光泽，汤色浅杏黄，味清鲜爽口。政和所产，汤味醇厚，香气清芬。是中国茶叶中的特殊珍品。茶在杯中冲泡，即出现白云疑光闪，满盏浮花乳，芽芽挺立，观赏性强。

名品产地：位于福建省的福鼎市和南平市政和县。

现代白茶类的创制始于白毫银针。明代田艺衡《煮泉小品》中称："茶者以火作为次，生晒者为上，亦更近自然，且断烟火气耳。"如果说这是关于古代白茶的记述，则现代白茶堪称是古老而又年轻之茶品。

◎ 白牡丹茶

品质特征：其叶张肥嫩，叶态伸展，毫心肥壮，色泽灰绿，毫色银白，毫香浓显，清鲜纯正，滋味醇厚清甜，汤色杏黄明净。

白牡丹是采自大白茶树或水仙种的短小芽叶新梢的一芽一二叶制成的，是白茶中的上乘佳品。白牡丹因其绿叶夹银白色毫心，形似花朵，冲泡后绿叶托着嫩芽，宛如蓓蕾初放，故得美名。

名品产地：福建省福鼎、政和一带。

◎ 寿眉

品质特征：寿眉，采用制银针"抽针"时剥下的单片叶制成，或白茶精制中的片茶按规格配制而成。每张叶片的叶缘微卷曲，叶背披满白毫，酷似老寿星的眉毛，因而得名。干茶外形芽心小，叶片自然微卷，叶片完整，色泽浅绿，汤色澄黄，叶底匀整，叶张主脉迎光透视呈红色，滋味鲜爽，香气鲜纯。

名品产地：福建省福鼎、建阳、政和等地。

小贴士：贡眉、寿眉两个等级的白茶区分

贡眉是群体种茶叶，即俗称的小菜茶，又称土茶，是由种子种下的茶树嫩梢加工制成的白茶；而这种茶制的产品，也可以叫寿眉；其他无性系品种采下的嫩梢或叶片制成的茶只能叫寿眉，不能叫贡眉。

从原料的等级上来讲，小菜茶做成的贡眉产品像白牡丹一样，依据芽叶的多少，可以分为特级、一级、二级、三级四个等级；而寿眉只能分为一级、二级两个等级。

从外形上来看，贡眉更接近于白牡丹，只是品种是小菜茶（白牡丹是无性系的大茶、水仙等品种制成的白茶）；而寿眉以粗枝大叶为主。

◎ 新工艺白茶

品质特征：外形叶张略有缩摺呈半卷条形，色泽暗绿带褐，香清味浓，汤色味似绿茶但无清香，似红茶但无酵感，浓醇清甘是其特色。

名品茶地：福建的特产，主要产区在福鼎、政和、松溪、建阳等地。新工艺白茶简称新白茶，是按白茶加工工艺，在萎凋后加入轻揉制成。

喝白毫银针，喝的是它的鲜；喝白牡丹，喝的是它的甜；喝寿眉，喝的是它的醇。寿眉就像是一位老朋友，貌不惊人，简单纯粹，却芬芳自来。而更难能可贵的是，时间愈久，它的魅力更显。

实践坊

分小组通过观茶色、闻茶香等方法对比几种不同类型白茶干茶。

福鼎白茶、政和白茶、安吉白茶、天目山白茶……这么多白茶真是让人感觉有些"傻傻分不清楚"。实际上，此白茶与彼白茶还是有区别的。

我们常说的白茶，指的是六大茶类中的白茶，以福鼎白茶、政和白茶为代表，属于轻微发酵茶，制法独特不炒不揉，独属一类。而安吉白茶、天目山白茶尽管也叫白茶，但实际上它是属于六大茶类中绿茶的一种，属不发酵茶。它是用绿茶工艺炒青制作而成，颜色偏白是因为其加工原料采自一种嫩叶全为白色的茶树。

白茶的整个制作过程简单自然。它以最少的工序加工，最大程度保留了白茶的天然纯真风味，以及丰富而珍贵的活性酶和多酚类营养成分。

6-3 白茶的冲泡要领和品饮技艺

◎ 适用茶具

饮用白茶的器皿并无太多的讲究，白茶冲泡选用透明玻璃杯或透明玻璃盖碗。白茶冲泡通过玻璃杯可以尽情地欣赏白茶在水中的千姿百态，品其味、闻其香，更能观其叶白脉翠的独特品格。

如果采用"工夫茶"的饮用茶具和冲泡办法，效果更好。

◎冲泡要素

○冲泡水温

白毫银针冲泡方法与绿茶基本相似，90~95℃，正宗的福鼎白茶的冲泡水温可以是 100℃。

○投茶量

饮用白茶，不宜太浓，一般 150 毫升水用 5 克的茶叶就足够了。

○冲泡次数

冲泡两泡为佳，第一泡时间约 2 分钟，经过滤后将茶汤倒入茶盅即可饮用；第二泡只要 3 分钟即可。要做到随饮随泡，一般情况一杯白茶可冲泡四五次。

◎品饮方法

可清饮、可调饮；可冲泡、可煎煮。

○壶冲泡

1.放入干茶约3至5克　　2.注入90℃以上的沸水　　3.迅速倒出茶水以洗茶　　4.再次将沸水注入茶壶

5.静置大约一至两分钟　　6.最后出汤至茶杯即可

○ 盖碗冲泡

投茶：依盖碗容量大小而定，一般投茶量为盖碗容量的 1/3。

洗茶：即醒茶，又称温润泡。

冲泡：这时水温宜高，手法是沿盖碗边沿缓缓注入，水流一定要低，不能对着茶叶冲。

○ 白茶煮饮法

老茶和新茶最大的不同就是在于"年龄"或者说是"年份"上的差异。老茶经过长时间的转化，就好像一个睡美人，虽然在陈化，但从外观看好似没有明显的变化，但是内质已经慢慢发生了巨大的变化。

老白茶叶底蒸煮法分为：温具、置茶、冲泡、出汤、分茶和品茗六个步骤。老白茶可以先冲泡几次再煮，置入耐热玻璃壶或者陶壶，10 克的茶大概加 500ml 的水，煮开之后调成小火，慢煮两分钟，根据个人喜好的浓淡调整茶量和煮的时间即可。煮出来的老白茶，喝起来醇香十足，有淡淡的枣香或者药香。

洗茶　　置茶煮茶　　出汤分茶

◎白茶贮藏

常温保存。白茶无需在冷藏条件储存，一般在 0~30℃。

密封：白茶的自然陈化来自于茶叶内物质的转化，必须储存在密封的容器内，如罐口密封性好的铁罐、瓷罐、锡罐等。

无异味：茶叶极易吸附各种气味，储存白茶时要避免各种杂味、异味的东西，不同的茶类不要放在一起储存。

白茶素有"一年茶、三年药、七年宝"的说法，存得越久口感越是醇厚浓香，存放的时间越长，其药用价值越高。

将 3 克茶叶用 150 毫升沸水冲泡，浸泡后汤色以橙黄明亮或浅杏黄色为好，红、暗、浊为劣。香气以毫香浓郁、清新纯正为上，淡薄、生青气、发霉失鲜、有红茶发酵气为次。滋味以鲜美、醇爽、清甜为上，处涩淡薄为差。叶底嫩度以匀整、毫芽多为上，带硬梗、叶张破碎为次；色泽以鲜亮为好，花杂、暗红、焦红边为差。

6-4 白毫银针的冲泡行茶程序

白毫银针是一种极具观赏性的特种茶，其冲泡方法与黄茶相似。

备具：一般选用透明玻璃杯、瓷质盖碗。

赏茶：白茶形状似针，白毫密被，色白如银。

温杯：倒入少量开水于茶杯中，转旋后将水倒于盂。

置茶：用茶匙取少量银针置放在茶荷中，然后向每个杯中投入 3 克左右。

浸润泡：提举冲水壶将水沿杯壁冲入杯中，水量约为杯子的 1/4，意图是滋润茶叶使其开始打开。

运茶摇香：左手托杯底，右手扶杯，将茶杯顺时针方向悄悄转动，使茶叶进一步吸收水分，香气充分发挥，摇香约 30 秒。

冲泡：冲泡时采用回旋灌水法，可以赏识到茶叶在杯中上下旋转，加水量控制在约占杯子的三分之二为宜。冲泡后静放 2 分钟。

奉茶：用茶盘将刚沏好的茶赠到宾客面前。

品茶：品饮白茶先闻香，再观汤色和杯中上下起浮茶芽，此时茶芽跳跳挺立，上下交错，望之有如石钟乳，蔚为奇观。然后小口品饮，茶味鲜爽，回味甜美，口齿留香。

小贴士：哪一种新白茶适合放成老白茶？

原料较老的寿眉，正是适合陈放成老白茶的，也就是平时常说的老寿眉。寿眉芽少叶多，还带有一些茶梗。看似粗老的茶，比起嫩茶，转化更快，变化更为明显。老叶和茶梗的内含物质更加丰富，非常利于转化。此外，茶梗还能给茶饼增加一些空隙，利于茶的呼吸，在合适的氧气和湿度下，寿眉就这样随着时间慢慢变老。

白茶，无疑是六大茶类之中最符合"大道至简，大美天然"的。当"简单"到了极致，它便反过来拥有生成无限繁复的能力：在适宜的环境中存放数年、乃至数十年，从清新、到甘醇，到醇厚……

"白茶诚异品，天赋玉玲珑"，我们爱白茶，爱的是素颜清汤。轻轻一闻，闻到山花烂漫，草长莺飞；浅浅一啜，尝到的是溪水潺潺，山野牧歌。

白茶如素人，人似老白茶，初心奉茶，心素如简。

茗心之约

想一想

(1) 安吉白茶是白茶吗？白毫银针是白茶，那么君山银针也是白茶吗？

(2) 白茶因茶树品种、鲜叶采摘的标准不同，分为哪两种茶？

(3) 白茶的储存越久越好吗？

搜一搜

上网查一查白毫银针加工工序。

上网看看茶的国家标准。

（2017年11月1日，中华人民共和国国家质量监督检验检疫总局、中国国家标准化管理委员会发布了GB/T 22291—2017《白茶》国家标准，该标准于2018年5月1日正式实施。）

试一试

在条件允许的情况下，为家人煮一壶醇香的老白茶，体味淡淡的枣香或者药香。

写一写

习茶心得

花茶馆

花盏茗碗香千载

学习目标

◎认识再加工花茶种类及适宜冲泡花茶的茶具。

◎掌握茉莉花茶行茶程序。

◎能进行茶艺表演，在茶艺训练中找到一片心灵净土。

◎能根据茶席设计的基本构成因素，设计茶席。

"窨得茉莉无上味，列作人间第一香。"

茶联中是这样描述茉莉花茶的。宋代诗人江奎的《茉莉》赞曰："他年我若修花使，列做人间第一香"。"露华洗出通身白，沉水熏成换骨香"，这是宋代叶廷圭咏茉莉（香片）中的诗句。

秋来，等一杯相片。沏上一杯上好的茉莉花茶，看茶在杯中，上下漂浮，香气氤氲，手里捧着一本书，轻轻茗上一口，在舌尖打转，再慢慢地吞下去，伴着花香、茶香，品着萦绕香气的诗句，将是多么令人沉醉！

7-1 认识花茶

◎ 花茶的工艺

花茶又称熏花茶、香花茶、香片。以绿茶、红茶、乌龙茶为原料和茶叶拌和，茶叶缓慢吸收花香，然后除去花朵，将茶叶烘干而成花茶，属于再加工茶类。

高级花茶要窨（xūn）多次，花茶窨制有三窨一提、五窨一提、七窨一提。高级的花茶里是没有干花的。

花茶的特点为：外形条索紧结匀整，色泽黄绿尚润；内质香气鲜灵浓郁，具有明显的鲜花香气，汤色浅黄明亮，叶底细嫩匀亮。

◎ 花茶的分类

花茶按照其制作工艺可以分为以下几种：

○窨花茶

一般是采用精制烘青绿茶的茶坯加上不同鲜花窨制而成的再加工茶，最普通的花茶是用茉莉花制的茉莉花茶，根据所用的鲜花不同，还有玉兰花茶、桂花茶、珠兰花茶、玫瑰花茶等。

也有用红茶制作的，如玫瑰红茶。

也有用乌龙茶茶胚混合不同花香加工窨制而成的花茶，主要有桂花乌龙茶、桂花铁观音即茉莉水仙等。根据形状不同，如珍珠状的，著名的有产自福建的著名品种"银针茉莉花茶"、茉莉龙珠等。

○ 工艺花茶

工艺茶系列为精选上等福建白毫银针茶为原料与脱水鲜花（千日红、黄菊、茉莉花、百合花、金盏花、康乃馨等）经独特的手工艺与现代技术相结合精制而成。工艺茶品种有：茉莉雪莲、丹桂飘香、仙女散花、添福添寿、爱之心等 30 多个品种。

在冲饮中既能闻到天然茶叶和脱水鲜花的醇香，又有赏心悦目的艺术享受，而且茶叶和鲜花都有一定的药用和保健功效。

实践坊

通过观茶色、闻茶香、品茶味对比绿茶花茶、红茶花茶、乌龙花茶、工艺花茶四种类型的花茶。

花茶的制作工艺就叫窨花工艺。窨，其实就是花与茶亲密接触再分离的整个过程。所谓花茶窨制，就是利用新鲜的茉莉花花朵具有的吐香特性和干燥的茶叶所具有的吸附能力，在"一吐"和"一吸"的化学物理变化中，形成花茶独特的色、香、味。茉莉花茶的窨制很是讲究，每次茶叶吸收完花香之后，都需要将废花筛出，再次进行窨制，如此反复数次。一般来说，需要窨制 3~9 次，才能让茶叶充分吸收茉莉花的香味。

7-2 名优花茶

优质的茉莉花茶有以下特征：香气高扬灵动而不低沉，让人神清气爽；茶汤鲜爽，口感绵滑，回甘生津明显；香气持久，多泡过后仍有明显茉莉花香。

◎ 福建茉莉银毫

品质特征：外形条索紧细匀整，色泽绿润显毫，香气鲜灵持久，汤色黄绿明亮，滋味醇厚鲜爽，叶底嫩黄柔软。七窨一提而成。

名品产地：福建省。

◎碧潭飘雪

品质特征：叶似鹊嘴，形如秀柳，汤呈青绿，清澈得叶片可数。水面点点白雪，色彩有对比，淡雅适度。

此茶不仅淳香可口，更有观赏价值。四川峨眉山"碧岭拾毛尖，潭底汲清泉，飘飘何所似，雪梅散人间"。用玻璃杯冲泡之时，能看到绿色的茶叶和白色的花瓣在水中飘动，美其名曰"碧潭飘雪"。

名品产地：四川峨眉山。

◎苏州茉莉花茶

此为茉莉花茶中的佳品，中国十大名茶之一。

品质特征：苏州茉莉花茶主要茶坯为烘青，也有杀茶、尖茶、大方，特高者还有以龙井、碧螺春、毛峰窨制的高级花茶。与同类花茶相比属清香类型，香气清芬鲜灵，茶味醇和含香，汤色黄绿澄明。苏州茉莉花茶以所用茶坯、配花量、窨次、产花季节的不同而有浓淡，其香气依花期有别，头花所窨者香气较淡，"优花"窨者香气最浓。

名品产地：江苏省苏州市。

据史料记载，苏州在宋代时已栽种茉莉花，并以它作为制茶的原料。用料为精选茉莉花，通过传统的窨制工艺，把茉莉花的香气融合到茶香中，香氛迷人，"窨得茉莉无上味，列作人间第一香"。如此天堂香味，倾倒无数茶人。

7-3 花茶的冲泡要领和品饮技艺

◎ 适合茶具

一般品饮花茶的茶具，选用的是白色的有盖瓷杯，或盖碗（配有茶碗、碗盖和茶托），如冲泡茶坯是特别细嫩的花茶，为提高艺术欣赏价值，也有采用透明玻璃杯的。

◎ 花茶冲泡要领

○控制水温

一般冲泡花茶的水温要视花茶茶胚种类而定。如果茶坯是绿茶，则水温掌握在 85℃左右；如果茶坯是红茶，一般水温也适宜控制在 90℃左右，不宜过高。如果茶胚为乌龙茶，则冲泡时必须使用沸水，如桂花乌龙。

○投茶量

茉莉花茶是用绿茶、红茶、乌龙茶等茶坯经过加入香花窨制的再加工茶。因此，在具体冲泡花茶时应掌握好不同茶坯的投茶量。通常茶水比为 1:50，但如果是乌龙茶可适当增加茶量。

○冲泡次数和冲泡时间

冲泡次数、时间与水温的把握一样，视花茶茶坯种类而定。

○品饮方法

清饮。

实践坊

对比实验。按 1:50 和 1:25 的不同投茶量，冲泡一下茉莉花茶和桂花乌龙，察汤色、香味、滋味。

7-4 盖碗冲泡茉莉花茶

行茶程序如下：

◎ 备具、布具

　　250 毫升青花瓷盖碗杯、赏茶碟、茶则、茶针、茶叶罐、茶巾、烧水壶、水盂、随手泡等。按冲泡需要依次摆放。先出辅助具，主泡具按"一"字型或"品"字型均匀摆在茶盘上。

◎ 赏茶

用茶则取茶置赏茶罐中，赏茶形及香气。从右侧开始让客人赏茶。

◎ 温杯、置茶

　　用茶针和手配合将盖碗的杯盖翻转，使其反面向上，将壶中沸水从左到右逆时针回旋倒入每个杯盖中，按从左到右顺序，用茶针和手配合将盖碗的杯盖翻正，并将杯盖取下，搁在杯托上。沿杯壁回旋斟开水约三分之一杯，从右开始轻轻转动杯身完成汤杯动作，左手拿杯，右手拿盖，将杯中水慢慢倒向杯盖在顺势依次入水盂。投茶量约3克，一般以盖碗容量决定茶量，50毫升容量为1克。

◎ 润茶

沿杯壁按逆时针方向回旋斟水约 1/3 杯，手拿盖碗轻轻摇香。

◎ 冲泡

用 90~95℃的沸水凤凰三点头或高冲法置碗敞口下线。按开盖的顺序将盖盖上，静置片刻（过程象征天地人三才合一，共同化育出茶的精华）。

◎ 奉茶、品茗

右手握杯身，左手托杯底，双手送至宾客，随后用伸掌礼示意用茶。品饮者嗅闻盖香、刮沫观色（由里往外撇向碗外侧，撇浮叶观茶汤）、品饮。

男女手法：女性应双手端起碗托底置于左手掌上，右手用拇指和中指夹住碗沿，食指抵住盖钮，无名指和小指上翘成兰花指，小口从碗面狭缝里啜饮；男生则单手持碗，用拇指和中指夹住盖碗，食指抵住扭面让后沿翘起，然后用右手将杯身和杯盖端起品饮。

7-5 品茶赏艺——花茶茶艺展示

◎ 备具

250ML 白瓷盖碗杯、赏茶碟、茶则、茶针、茶叶罐、茶巾、烧水壶、水盂、随手泡等。盖碗按"一"字型或"品"字型均匀摆在茶盘上。

宋代诗人江奎在《茉莉》一诗中赞曰："他年我若修花史，列作人间第一香。"据传茉莉花自汉代从西域传入我国，北宋开始广为种植，茉莉花香气浓郁，鲜灵，隽永而沁心，被誉为"人间第一香"。

下面请欣赏茉莉花茶茶艺：

◎ 白鹤沐浴

操作步骤：沿杯壁回旋斟开水约三分之一杯，从右开始轻轻转动杯身完成汤杯动作，左手拿杯，右手拿盖，将杯中水慢慢倒向杯盖，再顺势依次如水盂。

解说：一群羽毛洁白如雪的仙鹤在池中沐浴，这画面多么唯美。请发挥想像力，看一看在茶盘中经过开水烫洗之后，冒着热气的、洁白如玉的茶杯，像不像一只只翩翩白鹤？

◎ 叶嘉酬宾

操作步骤：用茶则取 3 克茶置茶荷中，供宾客赏茶形及香气。

解说：在爱茶人的心中，茶已非茶，而是一君子。苏轼把茶称为叶嘉先生，作《叶嘉传》颂扬茶的品德："臣邑人叶嘉，风味恬淡，清白可爱"，"其志尤淡泊也"。茶之品性，当于深山野林才得真味。花茶，融茶之韵与花之香为一体，即保持了浓郁爽口的茶味，又有芬芳的花香冲泡品啜，令人神清气爽。

◎ 落英缤纷

操作步骤：投茶量约 3 克，一般以盖碗容量决定茶量，50ML 容量为 1 克。

解说：清风几许？满地落英缤纷。当我们用茶匙把花茶从茶荷中拨进洁白如玉的茶杯时，花干和茶叶飘然而下，恰似"落英缤纷"。

◎ 飞瀑跌荡

操作步骤：用 90~95℃沸水高冲法置碗敞口下线。

解说："飞流直下三千尺，疑是银河落九天"，看壶中的沸水直泻而下，不正像那直下的飞流、跌荡的瀑布吗？

◎ 三才合一

操作步骤：按开盖的顺序将盖盖上，静置片刻。

解说：冲泡花茶一般要用"三才杯"，茶杯的盖代表"天"，杯托代表"地"，茶杯代表"人"。茶是"天涵之，地载之，人育之"的灵物。

◎ 敬奉香茗

操作步骤：右手握杯身，左手托杯底，双手送至宾客，随后用伸掌礼示意用茶。

解说：奉上一盏香茗，同时也奉上人世间最真最美的茶人之情。

◎ 赏色闻香

操作步骤：左手端起杯托，右手轻轻地将杯盖揭开一条缝，从缝隙中去闻香。

解说：品花茶讲究"未尝甘露味，先闻圣妙香"。闻香时"三才杯"的天、地、人不可分离。

◎ 品啜甘露

操作步骤：用左手托杯，右手将杯盖的前沿下压，后沿翘起，然后从开缝中品茶，品茶时应小口喝入茶汤。

解说：在品茶时依然是天、地、人三才杯不分离，依然是用左手托杯，右手将杯盖的前沿下压，后沿翘起，然后从开缝中品茶，品茶时应小口喝入茶汤。

◎ 回味无穷

操作步骤：让茶汤在口中稍稍停留，以口吸气与鼻呼气相结合，使茶汤在舌面流动，充分与味蕾接触，慢慢咽下，感受齿留香。

解说：茉莉花茶是最富有诗情画意的茶，既清雅，又馥郁，在茶汤中能喝到茶的韵味，闻到茶的香气，捕捉到春的气息，在文人的笔下，它们是创作的良伴，滋润了一行行动人的文字。茶里有花的魂魄，一片叶子变的温柔，在品饮时颇有一番意境。那就喝这么一杯花茶吧。

区别在于花茶是以茶为主原料，花草茶是以花草为主原料。

花茶，是以绿茶、红茶、乌龙茶的茶坯为主，加以符合食用需求、能够吐香的鲜花(茉莉花、桂花、珠兰花等)为原料，采用窨制工艺制作而成的茶叶。属于再加工茶类。

花草茶是将植物的花、茎、果实，直接进行烘干后进行冲泡，种类繁多。非茶之茶。

7-6 调饮茶设计与冲泡

◎ 调饮茶的心路历程

从饮茶的历史来说，调饮法先于清饮法。清饮法是在元朝的时候开始出现，到明清时期才开始普及。调饮法自明朝开始分解之前，一直是中国人饮茶的主要方式，早在茶之为品饮之前，古人以茶为药和羹的时候，人们就将茶叶与其他食物相佐而食。

三国时期魏国的张辑《广雅》中叙说："荆巴间采叶作饼，叶老者。饼成米膏出之。欲煮茗饮，先炙令赤色，捣末置瓷器中，以汤浇覆之，用葱、姜、橘子芼之。""芼"《礼记》注为"菜酿",即"菜羹"。

茶与中草药结合的方子可以说是五花八门,如汉方养生茶等。

乾隆皇帝一生爱茶,"三清茶"便是乾隆皇帝亲自创设,系采用梅花、佛手、松实入茶,以雪水烹之而成,成为其一生最爱的茶品。

唐以前的煮饮方法,在少数民族的饮茶习惯中一直保存着,如蒙古族和维吾尔族饮用的奶茶,藏族和纳西族饮用的酥油茶等。

现代调饮茶茶汤里添加薄荷、牛奶、枸杞、菊花、玫瑰、炒米等配料,尤其红茶性情温和,易于交融,常用之调饮。

◎ 调饮茶的冲泡原则

冲泡方法参照基本茶类中的泡法;茶具选配合理得当;冲泡冰茶类的茶叶用量应加倍,冰茶类的茶叶冲泡后应进冰箱冷却。

◎ 调饮茶配制要求

调饮茶是在单品的茶汤中再加入各种调料的茶。如杞菊延年茶(绿茶＋枸杞＋贡菊)、玫瑰红茶(滇红＋玫瑰)、柠檬红茶(柠檬＋玫瑰)等。

要有显著的茶味;每种茶料均有明确的数量规定;合理的操作程序;可口的茶汤和具有一定的意境与情趣;科学的泡饮方法:包括时间、温度、茶汤的颜色。

每道调饮茶均有一定的意境和文化内涵,如下表设计。

调饮茶名称	茶品名称	投茶量（克）	辅 料 名 称 （用 量）	
蟾宫折桂	寿眉	5 克 / 瓯	桂花	桂圆
			0.5 克 / 瓯	1 粒 / 杯
特点	桂圆似月即"蟾宫"，桂花甜香如幸福，"寿眉"寓意健康长寿			
	"蟾宫折桂"有祝福生活如意、美满的良好愿望			
功能	白茶性中庸、抗氧化，桂花味甘、暖胃平肝，桂圆补心脾、益气血。该茶汤常饮滋补益身心			
冲泡方法	用盖碗、品茗杯等，方法为中投法，步骤同绿茶			

实践坊

参照《调饮茶设计冲泡表》分小组设计一款以茶为主料的调饮茶。

"不寄他人先寄我，应缘我是别茶人。"茶，一片神奇而古老的东方树叶，它的世界五彩缤纷。

"细雨斜风作晓寒，淡烟疏柳媚晴滩。入淮清洛渐漫漫，雪沫乳花浮午盏。蓼茸蒿笋试春盘，人间有味是清欢。"泡上一壶浮动着雪沫乳花似的清茶，唇齿留香，耐人寻味。用心审视，认真地对待手中的这碗茶，你也能发现茶的秘密。

茗心之约

想一想

(1) 花茶是不是花越多越好?

(2) 玫瑰花、洛神花、茉莉花、金银花等花草是不是本章节所提及的花茶类?

(3) 只有烘青绿茶的茶坯可以做花茶吗?

搜一搜

查一查访客花茶沏泡服务工作如何做。

听一首经典歌曲《茉莉花》。

试一试

小组成员合作试着以某一种茶为主设计茶席。设计内容含茶具组合、席面设计、配饰选择、茶点搭配、空间设计等,并有设计主题。

写一写

习茶心得

清饮茶冲泡评分表

评价要素	权重	等级	评分要素	评定等级
备具、布具	10分	A	器具配备协调，布局合理，实用美观	
		B	器具配备协调，布局较合理，实用美观	
		C	器具配备协调，布局不够合理，实用	
		D	器具配备不协调，布局不合理，不实用	
冲泡程序	40分	A	冲泡程序正确、水温适合、冲泡手法娴熟、正确	
		B	冲泡程序较正确、水温适合、冲泡手法较娴熟、正确	
		C	冲泡程序较正确、水温适合、手法不够正确	
		D	冲泡程序生熟、有明显差错	
冲泡质量	30分	A	茶色、香、味、形到位，能充分体现茶品应有的品质特征。	
		B	茶色、香、味、形较到位，较能充分体现茶品应有的品质特征	
		C	基本能体现茶品应有的品质特征	
		D	茶色、香、味、形俱差	
奉茶、收具和礼仪	20分	A	奉茶规范、收具按顺序进行，礼仪符合规范要求，注意卫生习惯	
		B	奉茶规范、收具较符合顺序，礼仪较符合规范要求，注意卫生习惯	
		C	奉茶基本规范、收具基本符合顺序，礼仪尚可，卫生习惯尚可	
		D	奉茶、收具不正确，礼仪差错较多，卫生习惯差	
评定评语				得分

主要参考文献

1. 徐馨雅.识茶泡茶品茶 [M].北京：北京联合出版公司 ,2014.

2. 李洪.轻松茶艺全书 [M].北京：中国轻工业出版社，2013.

3. 劳动和社会保障部教材办公室.茶艺师 (初级)(中级)[M].北京：中国劳动社会保障出版社，2007.

4. 人力资源和劳动和社会保障部教材办公室，等.茶艺师 (五级)[M].北京：中国劳动社会保障出版社，2016.

5. 中国茶网——农业部官网 [OL].

后记

茶艺是中华民族的传统艺术，自古以来深受人们的喜爱，它既能锻炼意志，又可陶冶情操；既反映个人的意志，又体现民族精神，是中华民族灵魂的体现。泡制一杯茶，品味一种心境，读懂一种人生。

《跟我学茶艺》，在大家的期盼中，即将付梓。愿这本小书对普及茶文化，推动校园茶艺教学实践有所帮助。

在编写过程中，我们力图兼顾本书专业性与通俗性的统一。作为一本旅游类专业的茶艺初级教材，建议每周安排3学时（一个学期共54个学时），完成全部七个模块的理论学习与实训考核。作为一本社会培训类机构的辅助学习资料，可以依据学员实际需要，有选择地选用相关模块及学习内容，自由组合，灵活使用。作为一本大众普及类茶艺书籍，读者更可在忙碌的工作之余，泡上一杯茶，轻松翻阅，寻找一份惬意与宁静。

在编写过程中，我们着力于本书在编写体例和内容方面的突破与创新。模块化的编写方式在职业院校教材中被普遍运用，任务驱动式实训模式也被证明其实用性和高效能。本书在编排各章节时摒弃了通常教材机械、刻板的命名方式，而是采用中华茶廊、绿茶馆、红茶馆、白茶馆、黑茶馆、青茶馆、花茶馆等接地气的名字，既保留了模块化编写体例的优点，又彰显了茶艺类书籍生活化内容的浓浓气息，仿佛置身于茶世界的深宅大院。从各模块内部内容安排和逻辑构成上，无论是题目，还是每一章节引入的茶诗，都渗透了茶文化的神秘与奥妙。读者可感受到书中飘来的缕缕清香。"实践坊"中可练技艺，可泡制一杯专属自己的茶。"茗心之约"更可引发读者无尽的回味和思考。

董永华校长始终关注本书编写的进展工作，并在百忙当中为本书作序；振华职校老校长陈扬兴先生倾注了大量的时间和心血，给予了具体的帮助和指导；归绪昌先生在炎炎夏日为本书绘制了几幅精美的插图；旅游专业的同仁和上海交大出版社的朋友们为本教材的编写、出版也提出了很多宝贵的建议；浦东新区行之教育发展中心为本书的出版提供了诸多帮助；书中涉及茶艺操作的图片均由马思睿提供实景示范，在此一并致以诚挚的谢意！

虽然我们在编写过程中反复酝酿、推敲、校对、审核，但百密难免一疏，加上我们水平有限，时间仓促，不足之处，敬请各位同仁不吝赐教，使这本茶艺教材更加完善。

编者 陈玉 龚周

策划：欧喆华教育